AF452061

GÉOLOGIE

Mortemoz, Adm.-Direct. des Imprimeries réunies, B. Puteaux.

COURS COMPLET D'ENSEIGNEMENT
DANS LES ÉCOLES NORMALES PRIMAIRES

HISTOIRE NATURELLE

GÉOLOGIE

(Première année)

OUVRAGE

Rédigé conformément au programme officiel du 3 août 1880

ET AUX INSTRUCTIONS MINISTÉRIELLES DU 18 OCTOBRE 1881

PAR

J.-Henri FABRE

Docteur ès-sciences

Ancien élève de l'École normale primaire de Vaucluse

PARIS

LIBRAIRIE CH. DELAGRAVE

15, RUE SOUFFLOT, 15

1882

GÉOLOGIE

—

CHAPITRE PREMIER

NOTIONS SUR LA CONSTITUTION DU GLOBE

1. Objet de la géologie. — La *Géologie* est l'histoire naturelle du globe terrestre. Elle a pour objet les modifications que la terre éprouve sous l'influence des forces en activité de nos jours, et les changements qu'elle a subis à travers les âges pour devenir ce qu'elle est aujourd'hui. L'une de ces branches, la *Paléontologie*, traite des espèces animales et des espèces végétales qui ont précédé les animaux et les végétaux de nos temps et n'existent plus à notre époque, mais dont on retrouve, dans les couches du sol, les débris appelés *fossiles*.

Les causes qui, de tout temps, ont modifié la surface de la terre, étant les mêmes que celles dont l'activité est en jeu maintenant, c'est par l'étude de celles-ci qu'il convient de débuter.

2. Sphéricité de la terre. — La terre est ronde. C'est une sphère, un globe, isolé dans l'espace, sans aucun appui. Des preuves très élémentaires démontrent cette sphéricité.

Lorsque, pour arriver à la ville où il se rend, un voyageur traverse une plaine régulière où rien n'entrave la portée de la vue, à une certaine distance, les points les plus élevés de la ville, les sommets des tours et des clochers se montrent seuls à ses regards. A une moindre distance, les flèches des clochers deviennent en entier visibles, puis les toits des habitations, et enfin les habitations elles-mêmes; de sorte que la vision embrasse un plus grand nombre d'objets, en commençant par les plus

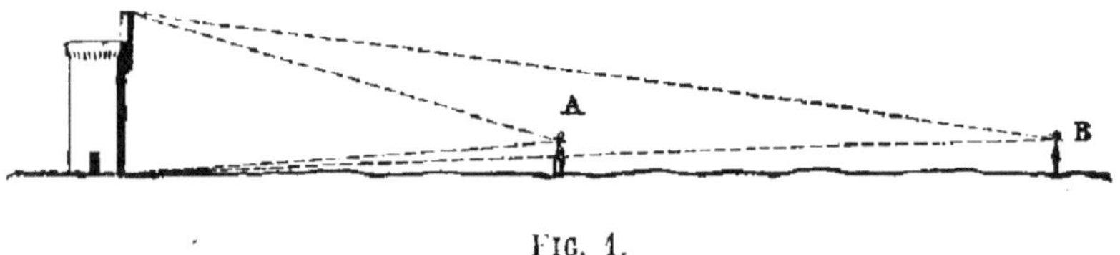

FIG. 1.

élevés et en finissant par les plus bas, à mesure que l'éloignement diminue.

Si la terre, comme le croyaient généralement les anciens, était une surface plate, ce n'est pas ainsi que les choses se passeraient. A toute distance, une tour au lieu de devenir graduellement visible du sommet à la base, serait toujours visible en entier (fig. 1), et deux observateurs, placés l'un

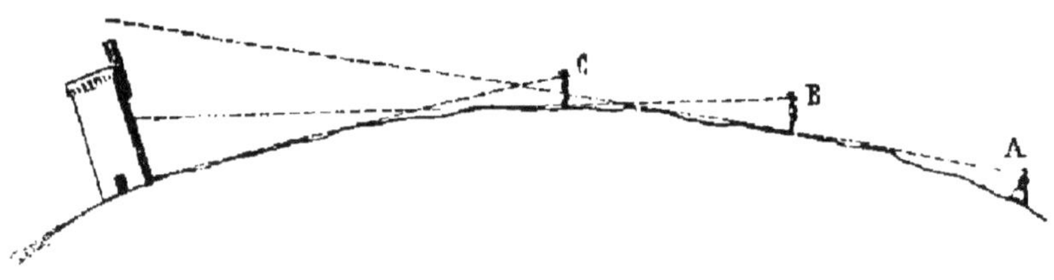

FIG. 2.

en A, l'autre en B, à des distances fort différentes, verraient également la tour dans toute sa hauteur.

Au contraire, si le sol est courbe, si la terre est ronde, les objets suffisamment éloignés doivent être masqués par la courbure du sol; et si l'éloignement diminue, ils doivent apparaître par degrés, à partir du sommet. Ainsi pour un observateur placé en A (fig. 2), la tour est complètement invisible, parce que la convexité du sol met obstacle à la vue; pour l'observateur placé en B, la partie supérieure de la tour est visible, mais la partie inférieure est encore cachée par la courbure de la terre; enfin quand l'observateur est en C, il peut voir la tour en entier.

3. Convexité des mers. — Sur la terre ferme, il est rare de trouver des plaines qui, par leur étendue et leur régularité, se prêtent au genre d'observation qui précède. Sur mer, aucun obstacle n'arrête la vue si ce n'est la convexité des eaux, qui possèdent la courbure générale du globe; c'est donc là surtout qu'il est facile de constater les apparences produites par la forme arrondie de la terre.

Lorsqu'une barque venant de la pleine mer se rapproche des côtes, les premiers points du rivage visibles pour les gens qui la montent sont les points les plus élevés, comme

Fig. 3.

les cimes des montagnes. Plus tard apparaissent les sommets des hautes tours et des phares; plus tard encore, le bord même du rivage.

De même, un observateur qui, du rivage, assiste à l'arrivée d'un navire, commence par apercevoir la pointe des mâts, puis les voiles les plus hautes, puis encore les voiles basses, et enfin la coque du navire. Si le vaisseau s'éloignait du rivage, on le verrait graduellement disparaître ou plonger en apparence sous les eaux dans un ordre inverse; c'est-à-dire que la coque se déroberait la première aux regards, puis les voiles basses, les voiles hautes et enfin la cime du grand mât, qui disparaîtrait la dernière. C'est ce que montre la figure 3.

4. Forme de l'horizon. — Une autre preuve de la rondeur de la terre se trouve dans la forme de *l'horizon*.

On nomme horizon, d'un mot grec signifiant borner, la ligne qui, tout autour de nous, borne la vue quand on se trouve en rase campagne. C'est sur cette ligne qu'en apparence la voûte du ciel rejoint la terre.

Or l'horizon, dans une plaine où aucun accident de terrain ne déforme sa régularité, forme un cercle dont le spectateur occupe le centre. Sur mer, la configuration circulaire de l'horizon est encore plus nette ; la surface des eaux apparaît comme un vaste cercle dont les bords se confondent avec le bleu du ciel. Si la terre était aplatie, la portée du regard n'aurait d'autre limites que celles qui résultent de la faiblesse de la vue ; et alors, en s'aidant de lunettes d'approche assez puissantes, on pourrait, en mer surtout, voir à toute distance ; il n'y aurait aucune ligne de démarcation divisant l'étendue terrestre en partie visible et en partie invisible. Mais loin de là : les meilleures lunettes ont, dans l'horizon, une barrière infranchissable pour la portée du regard ; et comme cette ligne limite est partout circulaire, la terre ne peut avoir que la forme ronde, ainsi qu'achèvera de l'établir la figure 4.

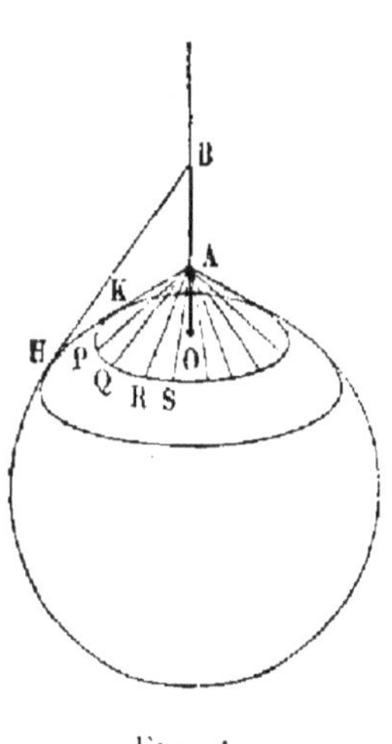

Fig. 4.

Supposons dressée sur un globe la ligne droite OB. Si du point A de cette ligne, on regarde tout autour de soi, quelle partie du globe verra-t-on ? Du point d'observation A menons une tangente AK, en d'autres termes une droite qui vienne raser la surface du globe ; cette droite peut représenter le rayon visuel. Tout ce qui est en deçà du point K où la droite touche le globe, est visible ; et tout ce qui est au delà, invisible. Le point K fait donc partie de l'horizon.

Si nous menons d'autres lignes pareilles dans toutes les directions AP, AQ, AR, AS, etc., chacune d'elles, à son point de contact avec le globe, détermine un nouveau point de l'horizon. Mais à cause de la forme sphérique, l'ensemble des points R, P, Q, R, S, etc., forme évidemment un cercle ; et cela aurait lieu pour tout autre point d'observation, seulement l'horizon serait d'autant plus étendu que l'observateur serait situé plus haut, ainsi que le montre la figure pour le point d'observation B et l'horizon correspondant H. Eh bien, en quelque lieu que l'observateur se tienne, dans les airs, au-dessus du sol, au-dessus des mers, l'horizon terrestre est toujours circulaire, preuve incontestable que la terre est ronde.

5. Dimensions de la terre. — Le globe terrestre a 40 millions de mètres ou 10 000 lieues métriques de circuit. Son rayon est de 6366 kilomètres ou d'environ 1600 lieues. Sa superficie est de 50 995 millions d'hectares, ce qui représente à peu près 939 fois la superficie de la France. Enfin son volume est de 1 082 841 millions de kilomètres cubes.

6. Inégalités de la surface. — Les inégalités du globe, chaînes de montagnes et vallées, si considérables qu'elles soient, se réduisent presque à rien quand on les compare aux dimensions terrestres, et n'altèrent pas d'une manière sensible la rondeur de la terre. Les moindres rugosités de l'écorce d'une orange sont des inégalités plus fortes par rapport à ce fruit. En effet, la plus haute montagne du monde est le Gaurisankar ou mont Everest, qui fait partie de la chaîne de l'Hymalaya, vers le centre de l'Asie ; il se dresse à 8840 mètres d'altitude. Pour le représenter, dans de justes proportions, sur un globe de deux mètres de diamètre, il suffirait d'un grain de sable d'un millimètre et un tiers de relief. La montagne la plus considérable de l'Europe, le mont Blanc, serait figuré par un grain moitié moindre. En répandant ainsi à la surface de ce globe, de deux mètres de diamètre, quelques menues parcelles de sable et de poussière pour représenter les différentes inégalités du sol, il est visible que nous n'altérerions pas d'une façon appréciable sa forme arrondie. La terre n'est donc qu'un globe plus grand, semé d'autres grains de sable et de poussière proportionnés à sa grosseur, et qui sont les montagnes.

7. Rotation diurne de la terre. — Avec une vitesse toujours égale, la terre tourne sur elle-même dans l'intervalle de vingt-quatre heures. De ce mouvement, appelé *rotation diurne*, résulte la périodicité du jour et de la nuit. La moitié du globe tournée vers le soleil a le jour, la moitié opposée a la nuit.

La ligne idéale autour de laquelle la terre effectue sa rotation diurne s'appelle l'*axe terrestre*; et les deux points opposés où cet axe perce la surface du globe se nomment les *pôles*. Le pôle le plus voisin de nos régions se nomme indifféremment *pôle nord*, ou *pôle boréal*, ou *pôle arctique*; le pôle opposé s'appelle *pôle sud*, ou *pôle austral*, ou *pôle antarctique*.

8. Équateur et parallèles. — Les divers points de la surface terrestre, en tournant autour de l'axe, parcourent des cercles inégaux. Les points à égale distance des deux pôles décrivent le cercle le plus grand de tous et nommé *équateur*; les autres décrivent des cercles appelés *parallèles*, d'autant plus petits que ces points sont eux-mêmes plus voisins de l'un ou de l'autre pôle. Enfin aux pôles même, le cercle décrit est nul.

L'équateur est évidemment unique. Il divise la terre en deux parties égales ou *hémisphères*, savoir : *l'hémisphère boréal*, du côté où nous sommes, et *l'hémisphère austral*, du côté opposé.

Les parallèles, au contraire, sont en nombre indéfini ; on peut en concevoir à la surface du globe autant que l'on voudra. Chacun divise la terre en parties inégales.

Tous, équateur et parallèles, sont perpendiculaires à l'axe et ont leur centre sur cet axe ; tous enfin sont des lignes purement imaginaires.

9. Aplatissement polaire et renflement équatorial. — La terre, comme l'ont appris les mesures géodésiques, est un peu renflée à l'équateur et aplatie aux pôles. Le rayon équatorial mesure 6377 kilomètres tandis que le rayon polaire n'en mesure que 6356. Le nombre 6366 kilo-

mètres que nous avons donné plus haut pour le rayon terrestre est donc une valeur moyenne. La différence entre le
rayon équatorial et le rayon polaire est de 21 kilomètres
ou d'environ 5 lieues en faveur du premier. Cette différence, sur une sphère de deux mètres de diamètre, se tra-
duirait aux pôles par trois millimètres en moins. Le renfle-

FIG. 5.

ment équatorial et la dépression polaire n'altèrent donc
pas sensiblement la forme ronde de la terre.

10. **Cause de l'aplatissement polaire et du renflement équatorial. Force centrifuge.** — La légère
déformation des pôles et de l'équateur reconnaît pour
cause le mouvement rotatoire lui-même. En effet, tout
corps animé d'un mouvement de rotation est, par le fait

même de ce mouvement, soumis à une poussée spéciale qui tend à l'éloigner du point autour duquel il tourne. On donne à cette poussée, née du mouvement rotatoire, le nom de *force centrifuge*.

Avec un cordon, lions solidement un verre à demi plein d'eau, et faisons-le tourner autour de la main à la manière d'une fronde (fig. 5). Pendant sa rotation, le verre se trouve tantôt plus ou moins incliné, tantôt complètement renversé; et cependant, s'il tourne assez vite, malgré sa position inclinée ou renversée, il ne perd pas une goutte d'eau; au contraire, l'eau est retenue contre le fond comme si quelque poussée l'y refoulait avec force. Si le verre restait immobile dans l'une des positions inclinées qu'il prend en tournant, il est clair que son contenu s'écoulerait aussitôt. C'est donc le mouvement de rotation, c'est la force centrifuge, qui maintient l'eau dans le verre renversé et la refoule contre le fond.

Nouons une pierre avec un fil et faisons-la tourner rapidement. Le fil se tend de plus en plus à mesure que la pierre va plus vite; la main juge très bien de cette tension. Quand l'accélération est suffisante, le fil, trop tendu, casse et la pierre part au loin. En tournant, la pierre fait donc effort pour s'éloigner de la main, centre de son mouvement rotatoire, et de là, provient la tension du fil. Lorsque cet effort atteint une certaine énergie, le fil, trop violemment tendu, finit par se rompre.

Ainsi tout corps en rotation est soumis à une poussée, la *force centrifuge*, qui tend à l'éloigner du point ou de l'axe autour duquel il tourne. C'est à la force centrifuge que l'eau doit d'être refoulée contre le fond du verre tournant avec rapidité, et de ne pouvoir s'écouler malgré l'inclinaison ou même le renversement complet du vase; c'est par la force centrifuge que sont tendus les cordons d'une fronde armée d'une pierre, et enfin rompus si la vitesse est assez grande.

11. **Effets de la force centrifuge sur une sphère flexible.** — La mécanique établit que la force centrifuge est d'autant plus grande que la vitesse du corps est plus

grande; elle est proportionnelle au rayon de la circonférence décrite. Considérons maintenant une sphère qui
tourne autour de l'axe ou du diamètre PP' (fig. 6). Le
point A tourne en décrivant une circonférence dont le
rayon est AO; et le point B, en décrivant une circonférence
dont le rayon est BN, plus grand que AO. Alors pour le
point B, la force centrifuge est plus grande que pour le
point A.

On voit donc que, lorsqu'une sphère tourne autour d'un
axe, les points de son équateur sont animés de la plus
grande vitesse, parce que, dans le même temps, ils décrivent la circonférence la plus grande; les points situés
aux pôles sont, au contraire,
immobiles. Pour les premiers,
la force centrifuge atteint la plus
grande valeur; pour les seconds,
elle est nulle. Alors, dans une
sphère liquide ou du moins suffisamment flexible, les points
matériels de l'équateur, obéis-
sant à la force centrifuge qui
les refoule en dehors, doivent
tendre à s'éloigner de l'axe plus
que ne font les autres points;
et le vide produit dans la masse

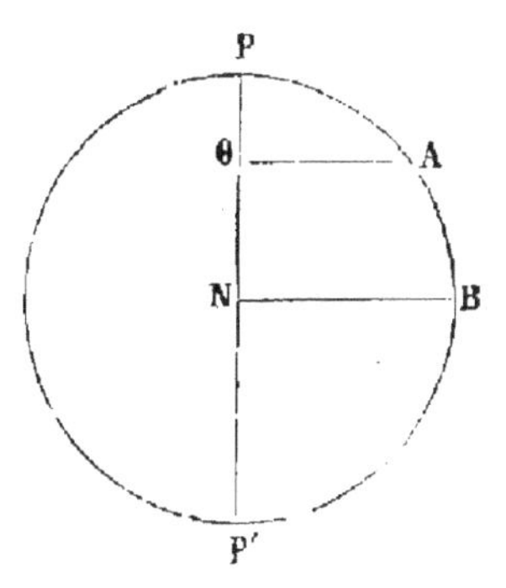

Fig. 6.

totale par cet éloignement plus grand des particules
équatoriales, est comblé par la matière voisine, ce qui
amène de proche en proche un affaissement dans les
régions où la force centrifuge est nulle, c'est-à-dire aux
deux pôles.

12. Expériences. — Des cercles d'acier flexibles sont
fixés inférieurement à un axe, et peuvent, au moyen d'un
trou dont ils sont percés, glisser supérieurement le long
du même axe (fig. 7). On met cet axe en rotation rapide
par un jeu de poulies. On voit alors les cercles d'acier se
déformer, s'aplatir aux pôles et se renfler dans la région
moyenne ou l'équateur.

Plus délicate à conduire mais bien plus frappante est

l'expérience que voici. Une masse liquide, jouissant dans toutes ses parties d'une complète mobilité et soumise uniquement à l'attraction mutuelle de ses molécules, prend d'elle-même la forme sphérique, la seule qui par sa symétrie, sa régularité, son identité dans tous les sens, puisse également résister de toutes parts et maintenir en repos, par un antagonisme parfait, les attractions en jeu dans la masse fluide. C'est ainsi qu'une goutte d'eau, qu'une goutte de vif-argent, sont des globules ronds. Mais l'attraction

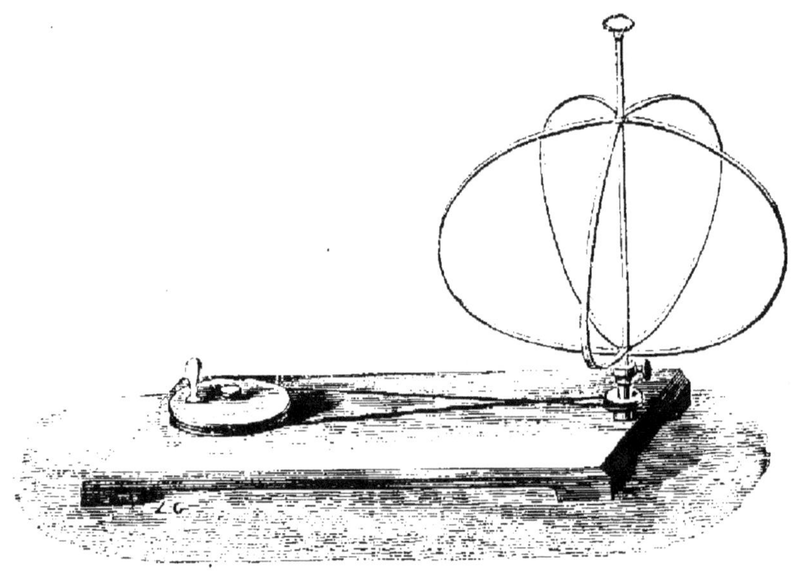

Fig. 7.

terrestre, la pesanteur à laquelle rien de matériel n'est soustrait, empêche les liquides de prendre, en masse un peu considérable, la configuration sphérique, parce qu'elle les écrase sous leur propre poids. Pour neutraliser les effets de la pesanteur, on a recours à l'artifice suivant.

Versée dans de l'eau, l'huile vient surnager; dans de l'alcool, elle gagne le fond. Elle est plus légère que l'eau, plus lourde que l'alcool. Mais dans un mélange convenable d'alcool et d'eau, l'huile reste suspendue au sein du liquide. De plus, elle se conglobe en une sphère, à laquelle il est aisé de faire obtenir la grosseur d'une orange (fig. 8). Mollement suspendue dans le liquide qui, de partout, lui prête son appui, la masse huileuse est comme soustraite à l'action de la pesanteur et prend, en conséquence, la forme sphérique. Ainsi, par le seul jeu de ses attractions moléculaires, une masse fluide, sur laquelle rien d'extérieur n'agit, se configure en sphère et persiste dans cette forme tant qu'elle est au repos.

Actuellement, supposons le globe d'huile, suspendu dans de l'eau alcoolisée, traversé en son milieu par une longue aiguille verticale ou axe, qu'un mécanisme d'horlogerie

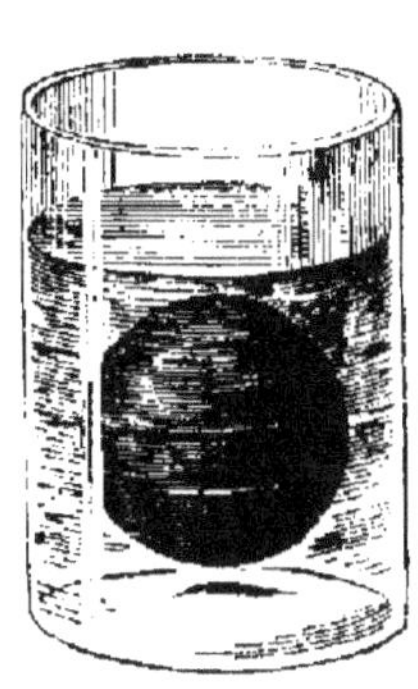

Fig 8.

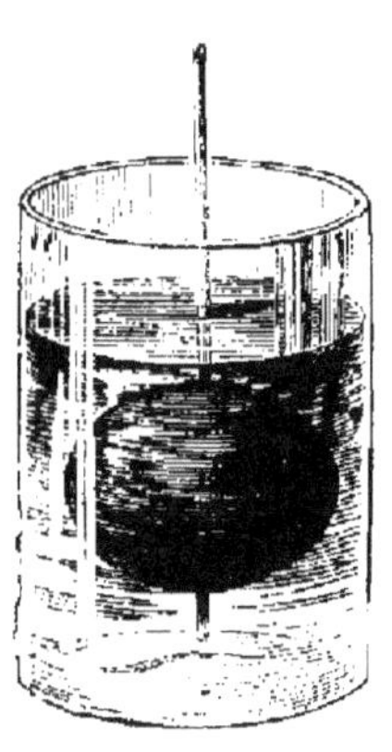

Fig. .

fait tourner avec rapidité sur elle-même, sans secousse (fig. 9). Par l'effet du frottement, l'axe entraîne peu à peu la sphère huileuse et lui communique son mouvement révolutif. Or, dès que la sphère liquide tourne, on la voit s'aplatir aux points où l'axe la traverse, c'est-à-dire à ses deux pôles de révolution, et se renfler tout autour de sa région moyenne, c'est-à-dire de son équateur. D'ailleurs, l'aplatissement polaire et le renflement équatorial sont d'autant plus prononcés que la rotation est plus rapide.

13. **Fluidité originelle de la terre.** — La forme ronde éveille déjà l'idée que la terre, considérée en son entier, fut à l'origine une masse liquide, car l'état fluide peut seul expliquer la configuration sphérique, ainsi qu'en

témoigne l'expérience qui précède. Pareille conséquence s'applique d'ailleurs aux divers corps célestes qui tous ont la forme ronde. L'affaissement polaire et le renflement équatorial confirment cette idée. Les eaux des mers couvrent environ les trois quarts de la surface terrestre, et l'on doit appliquer à cette portion liquide ce que nous venons d'apprendre sur les effets de la force centrifuge. Par suite de la rotation autour de l'axe, qui fait parcourir environ sept lieues par minute aux points de l'équateur et laisse immobiles ceux des pôles, les eaux océaniques ont perdu la forme exactement sphérique pour se déprimer aux pôles et se renfler à l'équateur en un bourrelet de cinq lieues de hauteur, que soutient la force centrifuge. Ce n'est pas tout : la géodésie nous démontre les mêmes déformations dans les continents. Il faut donc que la terre, à son origine, se soit trouvée fluide ou du moins assez flexible pour obéir aux tendances de la force centrifuge et prendre la configuration qu'elle possède.

D'ailleurs, une étude attentive des matériaux de la terre montre que diverses roches, assises des continents, ont coulé dans les anciens âges, fluides comme la fonte dans la fournaise

14. Translation de la terre autour du soleil. — En même temps qu'elle tourne sur elle-même, dans l'intervalle de vingt-quatre heures, la terre circule autour du soleil, éloigné de 38 millions de lieues et 1 400 000 fois plus gros que le globe terrestre. La courbe qu'elle décrit, nommée *orbite*, est une ellipse peu différente d'un cercle. Le temps mis à la parcourir en entier est de 365 jours et 1/4. Cette durée forme l'année. L'*année* est donc le temps que la terre emploie à faire un circuit autour du soleil, comme le *jour* est le temps qu'elle met à faire un tour sur elle-même. Dans son voyage annuel autour du soleil, la terre parcourt environ 7 lieues par seconde. C'est plus de 76 fois la vitesse d'un boulet de canon de 24, estimée à 400 mètres par seconde au sortir de la pièce.

15. Les saisons. — **Les zones.** — L'axe de la terre n'est pas perpendiculaire au plan de l'orbite terrestre ; il est incliné de 23 degrés et demi. De plus, pendant la translation autour du soleil il se maintient parallèle à lui-même. La révolution annuelle autour du soleil, combinée avec le constant parallélisme et l'inclinaison de l'axe, engendre les saisons [1].

Parmi les parallèles, dont le nombre est indéfini, on distingue les deux *tropiques* et les deux *cercles polaires*. On nomme tropiques les deux parallèles où le soleil est vertical quand il s'éloigne le plus de l'équateur soit dans l'un, soit dans l'autre hémisphère. Celui de l'hémisphère nord est le tropique du Cancer; celui de l'hémisphère sud est le tropique du Capricorne. Les cercles polaires sont les parallèles où la durée du plus long jour et la durée de la plus longue nuit sont tour à tour de 24 heures aux époques où le soleil s'éloigne le plus de l'équateur, tantôt dans l'un tantôt dans l'autre hémisphère alternativement. Celui de l'hémisphère nord est le *cercle polaire arctique*, celui de l'hémisphère sud est le *cercle polaire antarctique*.

Relativement à la distribution de la chaleur solaire, la surface de la terre se partage en cinq régions appelées *zones*. La première, nommée *zone torride*, est traversée en son milieu par l'équateur. Elle est terminée au nord et au sud par les tropiques, éloignés l'un et l'autre de 23 degrés et demi de l'équateur. Dans la zone torride, le soleil, à l'heure de midi, est toujours à peu près vertical; ses rayons arrivant d'aplomb produisent la haute température qui caractérise les pays compris entre les tropiques. Comme, d'autre part, les jours et les nuits conservent toute l'année, sous l'équateur, une valeur égale de douze heures, et s'écartent peu de cette égalité pour le reste de la zone, le refroidissement nocturne est compensé par le réchauffement diurne, et la température ne varie pas beaucoup d'une partie de l'année à l'autre.

De chaque côté de la zone torride s'étendent, l'un dans l'hémisphère nord, l'autre dans l'hémisphère sud, deux

---

1. Voyez les traités de Cosmographie pour les développements nécessaires à l'interprétation des saisons.

bandes appelées *zones tempérées*. Elles ont pour limites, d'un côté les tropiques, et de l'autre les cercles polaires, éloignés l'un et l'autre de 23 degrés et demi du pôle voisin. Les habitants des zones tempérées n'ont jamais le soleil exactement au-dessus de la tête; les rayons de l'astre n'arrivent au sol que sous une incidence oblique

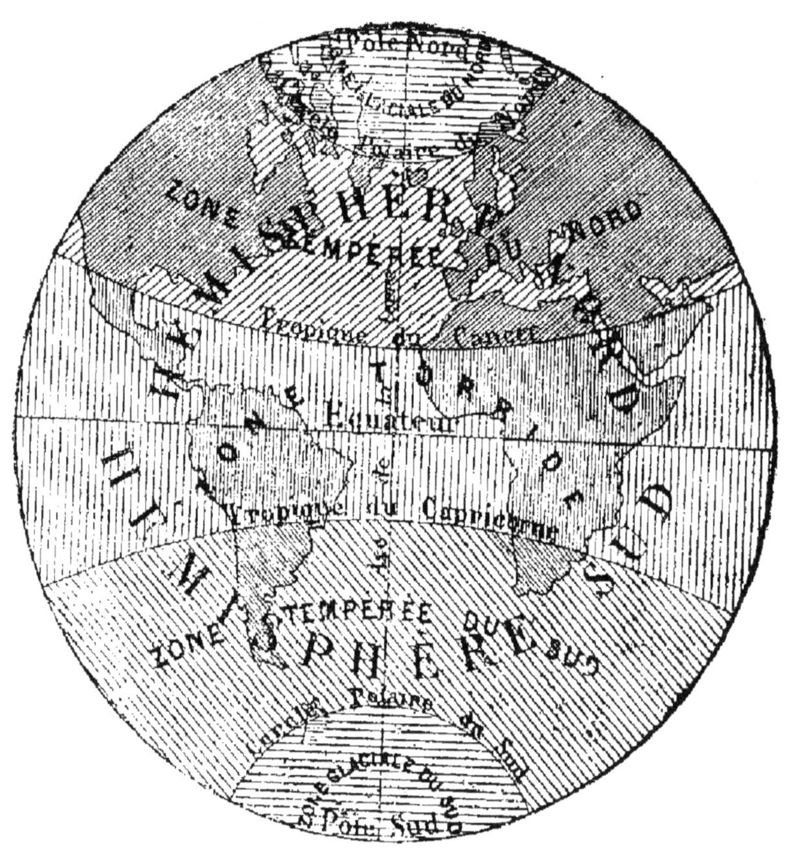

Fig. 10.

en toute saison, mais beaucoup plus en hiver qu'en été dans notre hémisphère. De là résultent une température modérée et une délimitation nette dans la vicissitude des saisons.

Au delà de chaque cercle polaire s'étendent jusqu'au pôle correspondant les deux dernières zones, les *zones glaciales.* Ici l'obliquité des rayons solaires et l'inégalité des jours et des nuits sont plus grandes que partout ailleurs. Dans la saison d'été, la température s'y élève très peu; et dans la saison d'hiver, les froids y sont excessifs.

16. **Arrangement général des matériaux terrestres. — Densité moyenne de la terre.** — Dans un même flacon, mettons divers liquides qui ne puissent se mélanger, de l'eau, par exemple, de l'huile et du mercure. Enfin laissons un certain volume d'air, de sorte qu'il y a en présence quatre substances fluides. On agite vivement pour brouiller le contenu, puis on abandonne le flacon au repos.

Bientôt un ordre s'établit : les liquides se séparent et se superposent d'après l'ordre de leur densité, le plus lourd occupant le fond, le plus léger la surface. Le mercure, le plus lourd des corps employés, se trouve au fond du vase; l'eau, plus légère, est au-dessus du mercure; l'huile, plus légère encore, flotte sur l'eau et enfin, l'air, plus léger que l'huile, occupe le haut du flacon. En outre, les surfaces de séparation des divers fluides sont planes et horizontales. Ainsi, lorsqu'un vase contient plusieurs liquides de densité différente et sans action l'un sur l'autre, ces liquides se superposent d'après leur densité, les plus lourds au fond, les plus légers au-dessus, et leurs surfaces de séparation sont planes et horizontales.

Ce principe si élémentaire de la superposition des liquides d'après l'ordre de la densité, a présidé à la structure de notre globe. Le premier regard jeté sur l'ensemble de la terre suffit pour nous en convaincre. L'enveloppe aérienne, l'atmosphère, occupe l'extérieur de notre planète; l'enveloppe des océans vient après et couvre la majeure partie de la surface du globe; enfin le sol, plus lourd, sert de lit aux océans. Les matériaux terrestres se trouvent ainsi disposés d'après l'ordre de leur densité, les plus lourds au fond; car dans une sphère, au point de vue de la pesanteur, le fond, c'est le centre, le haut, c'est la surface et l'étendue au delà.

Il y a plus : des considérations basées sur les oscillations du pendule ont permis de déterminer la densité moyenne de la terre, qui s'est trouvée égale à 5, 5 ; c'est-à-dire que si tous les matériaux de notre planète étaient mélangés d'une manière parfaitement homogène, chaque décimètre cube de ce mélange péserait 5 kilogrammes et demi.

Mais l'eau ne pèse que 1 kilogramme par décimètre cube ; le calcaire, le granit, les terres diverses et l'immense majorité des substances de la superficie du globe, ne pèsent que 2 à 3 kilogrammes. Il faut donc que les matériaux terrestres situés profondément gagnent en densité, sinon le poids moyen de 5 kilogrammes et demi ne pourrait être atteint.

Ainsi la loi des densités se maintient dans les entrailles de la terre ; le poids des substances croît à mesure qu'elles sont situées plus bas ou plus près du centre. Sans doute, la loi n'est pas d'une régularité parfaite, les couches concentriques du globe ne possédant pas une densité fixe, déterminée par leur distance au centre ; il y a dans le sein de la terre, comme à la surface, des mélanges de matériaux plus lourds avec d'autres plus légers ; mais, dans une vue d'ensemble, l'accroissement en densité des couches plus profondes est incontestable. Pareil groupement ne peut se rapporter à une autre cause que la fluidité générale et primitive de notre globe. Nous arrivons ainsi par une autre voie aux conséquences où nous avaient amenés la forme ronde de la terre, son affaissement polaire et son renflement équatorial.

CHAPITRE II

ATMOSPHÈRE. — CLIMAT

1. L'atmosphère. — Sa composition. — Au-dessus de nos têtes semble s'arrondir une voûte bleue que nous appelons le ciel. Or cette coupole azurée n'est qu'une apparence occasionnée par l'air, qui, de toutes parts, couvre la terre et lui forme une enveloppe nommée *atmosphère*. C'est un immense océan gazeux, dont le fond repose sur les mers et sur les continents et dont la surface se perd à des hauteurs évaluées pour le moins à une soixantaine de kilomètres.

L'atmosphère est un mélange de deux gaz, l'oxygène et l'azote, sans combinaison chimique entre eux. Leur proportion est de 21 volumes pour le premier et de 79 volumes pour le second. Elle contient en outre une faible quantité de gaz carbonique, environ 1 litre de ce gaz pour 2000 litres d'air. Si minime que soit cette proportion, elle représente néanmoins une masse énorme de charbon, à cause de la grande étendue de l'atmosphère. On estime que le charbon dissous dans l'air, à l'état de gaz carbonique, dépasse 695 quintillions de tonnes. C'est dans ce réservoir à charbon que la végétation puise le plus abondant de ses matériaux, témoin le gland devenu chêne en empruntant à l'air, par son feuillage, la presque totalité de son carbone. Cette soustraction continuelle, due au travail des végétaux, est d'ailleurs compensée par des faits inverses, la respiration animale, la décomposition putride, la fermentation, la combustion, qui dégagent du gaz carbonique et le restituent à l'atmosphère, de manière que la proportion de ce gaz se maintient à peu près constante, du moins à notre époque.

Enfin l'atmosphère contient toujours et en tout lieu une certaine quantité de vapeur d'eau, fort variable suivant la température, la saison, la constitution géographique, la latitude, l'élévation. Dans la zone torride, un mètre cube d'air est imprégné en moyenne de 20 à 25 grammes de vapeur aqueuse ; en France, ce poids se réduit à 10 grammes ; et sur nos hautes montagnes, à 1 gramme. Avec une altitude plus grande, la proportion diminue encore très rapidement.

2. **Poids de l'atmosphère.** — Pris à la surface du sol, l'air pèse 1 gramme et 3 décigrammes par litre. A cause

d'une compression moindre dans les régions élevées, ce poids décroît fort vite à mesure que l'altitude augmente. Cependant l'étendue de l'atmosphère est telle, que son poids total, malgré la subtilité de l'air qui le compose, dépasse tout ce que notre imagination pourrait d'abord se figurer. Prenons pour unité de poids un cube de cuivre de 1 kilomètre de côté. Ce dé métallique, d'un quart de lieue en tout sens, représente environ neuf mille milliards de kilogrammes. Eh bien, pour faire le poids total de l'atmosphère, il faudrait 585 000 dés pareils. Néanmoins, comparé à la masse terrestre, cet énorme poids se réduit presque à rien ; il ne représente à peu près que la millionième partie du poids de la planète. Le duvet d'une pêche est plus, par rapport à ce fruit, que l'atmosphère n'est par rapport à la terre.

3. **Température des régions supérieures.** — La température décroît de la base vers les hautes régions de l'atmosphère. C'est ce que confirment les ascensions sur les montagnes et les ascensions aérostatiques. En 1804, Gay-Lussac s'élevant de Paris en aérostat par une température de 27°, trouvait à 7000 mètres de hauteur une température de 10° au-dessous de zéro, c'est-à-dire un décroissement de 37°. En 1862, Glaisher et Coxwell, parvenus à la hauteur d'environ 10 000 mètres, la plus grande élévation que l'homme ait jamais atteinte, constataient une température de 27° au-dessous de zéro. Du reste le décroissement en température est subordonné aux variations atmosphériques dont il n'est guère possible de tenir compte, et le thermomètre peut, à la même altitude mais à des époques différentes, donner des indications sans concordance entre elles. Ainsi, en 1850, Bixio et Barral, arrivés à la même hauteur que Gay-Lussac, trouvaient 30° au-dessous de zéro.

La relation entre l'altitude d'une région atmosphérique et le décroissement de température est donc fort complexe et dépend de diverses circonstances, parfois locales, trop variables pour être soumises au calcul. Quoi qu'il en soit, de l'ensemble des observations il résulte que le décroissement de la température est en moyenne de 1 degré pour

180 mètres d'élévation en plus, tant qu'on ne dépasse pas 3000 à 4000 mètres d'altitude. Par delà, le refroidissement s'accélère encore, et tout porte à croire que, dans les régions les plus élevées de l'atmosphère, il règne un froid continuel, comme n'en comportent pas nos hivers les plus rigoureux.

A cette basse température des régions élevées de l'atmosphère, s'adjoignent l'extrême aridité de l'air et sa raréfaction; aussi la vie, tant de la plante que de l'animal, est-elle confinée dans la couche aérienne inférieure, de 8000 mètres d'épaisseur tout au plus. Quelques lichens, robustes croûtes végétales, marbrent les derniers le roc au voisinage des neiges perpétuelles qui, sous nos climats, se montrent à 2700 mètres d'altitude. Le condor, le puissant vautour des Andes, dans son essor le plus élevé, n'atteint guère que 7000 mètres.

4. Le vent. — Le vent est de l'air qui se déplace; c'est un courant atmosphérique qui, né d'un manque d'équilibre, se précipite dans des régions nouvelles. Sa principale cause est l'inégale distribution de la chaleur solaire à la surface du sol. L'air en contact avec le sol plus chaud, s'échauffe lui-même, devient plus léger et s'élève, tandis que de l'air plus froid accourt des régions voisines prendre sa place. Telle est la cause générale des vents.

Les vents qui soufflent d'une manière constante ou par périodes régulières, sont dits *vents réguliers*. Leur cause agit constamment ou revient par intervalles égaux. Les vents dus à des causes accidentelles, variables d'un jour à l'autre et d'une contrée à l'autre, sont dits *vents irréguliers*. Les premiers sont les plus importants. De ce nombre sont les *brises de terre et de mer*, les *alizés*, les *moussons*.

5. Brises de terre et de mer. — Sur toutes les côtes maritimes, règne un vent remarquable par sa régularité, et qui, suivant l'heure de la journée, souffle de la mer à la terre, ou de la terre à la mer. On lui donne le nom de *brise*. Le matin, vers les huit ou neuf heures, l'air commence à s'animer d'un léger frémissement. Presque insensible au début, ce frémissement se propage, s'accroît et devient bientôt un souffle assez fort, qui part du large à une grande distance des côtes et verse sur la terre l'air frais de la mer. Sa force et son étendue augmentent à mesure que s'élève la chaleur du jour, de sorte que la terre reçoit l'air frais de la mer avec d'autant plus d'abondance que le sol est plus chaud. Vers trois heures de l'après-midi, la brise a acquis toute sa force. A partir de ce moment, elle faiblit à mesure que la température baisse, et, vers quatre ou cinq heures du soir, l'air redevient calme jusqu'au coucher du soleil. Ce vent, qui souffle chaque jour de la mer à la terre, est la *brise de mer*. Les navires à voiles en profitent pour se rapprocher des côtes et entrer dans le port.

Après le calme du soir, un nouveau mouvement se manifeste dans l'air, mais en sens inverse du précédent. Le vent souffle alors de la terre à la mer et prend le nom de *brise de terre*. Toute la nuit, il gagne en force jusque vers le lever du soleil ; puis il s'affaiblit et cesse quand la chaleur du jour commence à se faire sentir. C'est à la faveur de ce vent que les navires à voiles sortent du port.

La cause des deux brises réside dans l'inégale aptitude du sol et de la mer, soit à se réchauffer, soit à se refroidir. Pendant le jour, sous l'action des rayons solaires, la terre ferme s'échauffe plus que la mer ; mais aussi, pendant la nuit, elle se refroidit davantage. L'air qui s'échauffe ou se refroidit au contact surtout des corps en rapport avec lui, doit donc se trouver à une température plus élevée sur la terre que sur la mer pendant le jour, et à une température moindre pendant la nuit. De là résultent l'afflux de l'air de la mer sur la terre pendant le jour, et l'afflux inverse pendant la nuit.

Quand l'insolation est arrivée à une certaine intensité, vers les huit heures du matin, une colonne d'air chaud s'élève du sol et se trouve remplacée par l'air relativement froid reposant sur la mer. C'est alors la brise marine. Plus tard, dans l'après-midi, lorsque le soleil est à son déclin, le sol commence à se refroidir, et un moment arrive où sa température est la même que celle de la mer. Il se fait alors un calme momentané dans l'air.

Mais le refroidissement se continue sur le sol avec plus de rapidité que sur la mer, si bien qu'après le coucher du soleil, la température de la surface des eaux est supérieure à celle du sol. L'air chaud ascendant s'élève donc de la mer et provoque un afflux d'air froid venant des côtes. C'est la brise terrestre.

6. Moussons. — Les *moussons* soufflent principalement dans les mers resserrées, dans les golfes où le voisinage de grandes étendues continentales met en conflit, suivant la saison, la température du sol et celle de la mer. Ce sont des brises annuelles, provoquées par la différence de température entre la surface des eaux et la surface des terres, et changeant de direction de la saison d'été à la saison d'hiver, comme les brises diurnes, provoquées par une cause pareille, changent de direction du jour à la nuit.

Considérons en particulier la mer des Indes, où les moussons sont le mieux caractérisées. Dans ces régions, à partir de l'équinoxe du printemps, le vent souffle de la mer à la terre pendant six mois environ, c'est-à-dire tout le temps que le soleil reste au nord de l'équateur. C'est l'époque de la *mousson du printemps.* En octobre, après une certaine période de calme entrecoupée d'ouragans, le vent change de direction, et pendant les six autres mois de l'année, souffle de la terre à la mer. C'est ce qu'on nomme la *mousson d'automne.* Sa durée embrasse tout le temps que le soleil reste au sud de l'équateur c'est-à-dire depuis octobre jusqu'en mars.

L'explication des moussons est la même que celle des brises. Au nord de la mer des Indes, se trouve une vaste étendue de terre, l'Asie, qui pendant la saison d'été s'échauffe plus que la surface des mers. De là résulte, pendant six mois, la mousson du printemps, qui souffle vers les terres. Dans la saison d'hiver, au contraire, la terre se refroidit plus vite que la mer; alors règne, en sens inverse, la mousson d'automne. Le passage d'une mousson à l'autre, est tantôt accompagné d'un calme plus ou moins long, et tantôt de violentes tempêtes.

7. **Alizés.** — On nomme *vents alizés*, des vents qui, toute l'année, soufflent dans une invariable direction : nord-est pour notre hémisphère, et sud-est pour l'hémisphère opposé. Christophe Colomb les observa le premier ; et ses compagnons, saisis d'épouvante devant l'inexorable constance des vents qui les poussaient vers l'inconnu, se demandaient si jamais ils pourraient regagner leur patrie.

Les vents alizés ont pour cause la rotation de la terre et la température plus élevée des étendues avoisinant l'équateur. Ces étendues équatoriales sont les plus chaudes de la terre. A partir de là, dans l'un comme dans l'autre hémisphère, la température diminue graduellement jusqu'aux pôles. L'air chaud et plus léger de l'équateur s'élève donc et gagne les hautes régions atmosphériques, tandis qu'il est remplacé par l'air froid et plus lourd affluant du nord et du sud. Si la terre était immobile, il se produirait ainsi, pour les contrées équatoriales, un vent continuel soufflant du nord au sud dans l'hémisphère septentrional, et du sud au nord dans l'hémisphère méridional.

Mais à cause de la rotation de la terre de l'ouest à l'est, la direction de ces vents continus est changée. En effet, la masse d'air froid se portant vers l'équateur, est animée d'une certaine vitesse de rotation, commune à la fois à l'atmosphère et à la terre. Cette vitesse n'est pas la même partout, parce que le cercle décrit autour de l'axe n'a pas la même ampleur d'une extrémité du globe à l'autre ; elle est plus grande à l'équateur, là où le cercle parcouru est le plus grand, et elle va en diminuant peu à peu jusqu'aux pôles, où elle est nulle. Sous l'équateur, un point de la surface se déplace de 1670 kilomètres par heure ; au 60ᵉ degré de latitude, il ne se déplace que de 835 kilomètres. Ainsi la masse d'air accouru des latitudes froides, n'étant animée que de la vitesse de rotation de son point de départ, s'avance vers l'équateur avec une vitesse insuffisante pour suivre le mouvement général ; elle est en retard par rapport à la terre tournant de l'ouest à l'est, et dévie par conséquent peu à peu vers l'ouest en sens opposé de la rotation de l'ensemble. Les deux afflux aériens, venus de l'hémisphère nord et de l'hémisphère sud, au lieu de rencontrer l'équateur sous une incidence perpendiculaire, l'atteignent obliquement dans la direction nord-est et dans la direction sud-est, et de là résulte l'*alizé inférieur* pour l'un et pour l'autre hémisphère.

8. Région des calmes. — En se heurtant l'un contre l'autre dans les régions équatoriales, les alizés des deux hémisphères se tiennent mutuellement en échec; d'ailleurs, dans ces régions à haute température, l'ascension de l'air chaud se fait avec une puissance qui neutralise toutes les autres causes de courants. De là résulte un calme plat, fréquemment troublé par de violentes tempêtes. La *région des calmes*, c'est-à-dire la bande équatoriale comprise entre les vents du nord-est pour notre hémisphère et les vents du sud-est pour l'hémisphère opposé, est donc l'étendue où l'atmosphère se trouve en équilibre plus souvent qu'elle ne l'est en toute autre partie du globe. Mais c'est aussi la région où la tempête succède le plus aisément au calme. L'air chaud s'y élève en flots tourbillonnants, puis s'épanche en remous qui suivent des directions constantes, bouleversent la mer et sèment le ravage sur leur parcours. Ces tourbillons atmosphériques, rappelant, dans des proportions énormes, les tourbillons de nos rivières, portant le nom de *cyclones*. Ceux qui naissent dans l'Atlantique suivent parfois le cours du Gulf-stream, et viennent jusqu'en Europe nous apporter de formidables orages. Dans la mer des Indes et sur les côtes occidentales du Pacifique, ils sont accompagnés de *trombes* ou colonnes d'eau tournoyantes qui s'étendent d'un sombre nuage à la mer. Ces tourbillons se nomment *typhons*.

9. Contre-alizés. — A ces alizés inférieurs, amenant vers l'équateur l'air froid des régions du nord et du sud, correspondent des courants de retour supérieurs, dus à l'ascension des couches d'air équatoriales. Tout vent, en effet, qui souffle d'une région plus froide vers une région

plus chaude, a pour complément un vent supérieur de
direction inverse, et formant avec le premier un circuit
plus ou moins étendu. Les alizés reproduisent les mêmes
faits. Au courant inférieur nord-est de notre hémisphère,
est superposé un courant inverse sud-ouest ; au-dessus du
courant inférieur sud-est de l'hémisphère austral, règne
un courant inverse nord-ouest.

Au nombre des preuves du contre-alizé ou alizé supérieur de notre hémisphère, on peut citer les observations
des voyageurs qui ont gravi le pic de Ténériffe. Presque
tous ont trouvé au sommet le vent du sud-ouest. C'est
encore dans cette direction que s'étalent les fumées du
volcan et que s'alignent les petits nuages des régions
élevées.

Ce vent supérieur transporte parfois à de grandes distances les cendres lancées par certains volcans. En 1835,
Kington, dans la Jamaïque, vit tomber pendant cinq jours
des cendres volcaniques assez abondantes pour obscurcir la
lumière du soleil. Ces cendres venaient du sud-ouest, de
l'État de Guatémala. La chute de poussières entraînées
par l'alizé peut se faire à de bien plus grandes distances.
On a vu tomber à Gênes, à Malte, dans le Tyrol, des poussières organiques, principalement formées d'infusoires
desséchés et provenant des plaines de l'Orénoque et de
l'Amazone, balayées par quelque bourrasque violente pendant la saison de sécheresse.

Le contre-alizé sud-ouest, à mesure qu'il remonte dans
notre hémisphère, perd de sa vitesse, se refroidit, se con-
dense, devient plus lourd et plonge dans des couches plus
profondes, de telle sorte que, un peu au delà du tropique,
vers le trentième degré, il atteint le niveau des mers.
Devenu alors inférieur, il continue sa marche jusque
dans les régions arctiques. Telle est la cause de la prédo-
minance des vents sud-ouest dans l'Europe occidentale,
vents chauds et pluvieux, qui fréquemment amènent l'orage.

16. Comment la navigation utilise les alizés. — C'est
en s'aidant par l'alizé inférieur nord-est que
Colomb atteignit les rivages prévus par son génie. Ce vent

commence du trentième au vingt-huitième degré de latitude, et cesse en moyenne au huitième degré. Par delà vient la région des calmes. Les navires à voiles suivent encore aujourd'hui la route ouverte par l'illustre Génois. Pour se rendre d'Europe en Amérique, ils gagnent la région de l'alizé, sur le souffle duquel le marin peut compter avec pleine certitude. Mais le retour par cette voie serait impossible. Il faut remonter dans des latitudes plus élevées, et, vers le trentième degré, on trouve le contre-alizé sud-ouest, devenu inférieur. A la faveur de ce courant atmosphérique, les navires qui mettent en moyenne trente-cinq jours pour aller d'Europe en Amérique, n'en mettent que vingt pour revenir. Une seconde cause, il est vrai, favorise le retour par cette voie : c'est le grand courant de l'Atlantique, le Gulf-stream, qui remonte du golfe du Mexique vers l'Europe.

11. Climat. — De l'ensemble des conditions atmosphériques, qui exercent une si grande influence sur les êtres organisés, résulte le *climat* d'une contrée. C'est le climat qui détermine la répartition des espèces animales et des espèces végétales sur la terre, le genre de cultures, si variable d'une région à l'autre, et dans une large mesure, le tempérament, l'activité, le caractère de l'homme. Les principales causes qui déterminent un climat sont : température moyenne de l'année, températures extrêmes de l'été et de l'hiver, pureté de l'air, fréquence des brouillards, vents dominants, état hygrométrique, quantité de neige et de pluie, orages et grêle, exposition, altitude, voisinage des mers, nature du sol, son inclinaison, son orientation. Nous nous occuperons ici particulièrement de la température et des conditions qui la modifient.

12. Température moyenne. — Si, pendant les vingt-quatre heures, on observait le thermomètre à des intervalles de temps assez rapprochés pour que les variations de température fussent de très faible étendue, on aurait la température moyenne du jour en divisant la somme des indications thermométriques par le nombre des observations. A la rigueur, plus les observations sont rapprochées, plus la moyenne obtenue est exacte. On conçoit même que la moyenne, dans son exactitude absolue, devrait s'obtenir en divisant la somme des observations faites à des intervalles de temps infiniment courts par le nombre de ces intervalles. Mais cette précision mathémathique est ici impraticable. Comme les variations thermiques sont assez lentes, on peut se borner à des observations d'heure en heure. Cette méthode cependant est encore trop assujettissante. On a recours alors à un moyen dont une longue expérience a établi la légitimité. Il suffit de constater la plus haute et la plus basse température survenues dans les vingt-quatre heures. La demi-somme de ces deux températures extrêmes donne la moyenne du jour à très peu de chose près.

La somme des moyennes pour vingt-quatre heures, divisée par le nombre de jours du mois, donne la *moyenne mensuelle*; la somme des moyennes mensuelles, divisée par douze, donne la *moyenne annuelle*; enfin la somme d'un assez grand nombre de moyennes annuelles, une dizaine au moins, divisée par le nombre d'années, fournit ce qu'on nomme la *température moyenne d'un lieu*.

13. **Influence de la latitude.** — D'une manière générale, la température moyenne diminue de l'équateur aux pôles, à cause de l'obliquité croissante des rayons solaires. Dans la zone torride, comprise entre les deux tropiques, la température est uniforme et élevée, caractère d'autant plus prononcé que la région considérée est plus voisine de l'équateur. Dans les deux zones tempérées, à mesure qu'on s'éloigne des tropiques, on trouve une température moyenne de plus en plus basse, et des variations thermométriques de plus en plus fortes d'une époque de l'année à l'autre. Enfin, dans les zones glaciales, la température s'élève très peu pendant la saison d'été, à cause de l'obliquité des rayons solaires; et pendant la saison d'hiver les froids deviennent excessifs à cause de la longue durée du refroidissement nocturne.

14. **Influence de l'altitude.** — Si la surface du globe terrestre était uniforme au lieu d'être accidentée de chaines

de montagnes, de vallées, de plaines basses, de plateaux;
si elle était homogène au lieu de se composer de terrains
de nature très variée entrecoupés de mers, la température
moyenne aurait même valeur pour tous les points d'un
même parallèle, car tous ces points sont soumis à des influences identiques sous le rapport de l'insolation générale.
Mais de nombreuses causes s'opposent à cette uniformité.

Nous avons déjà reconnu que la température de l'air
décroît à mesure que la couche considérée est plus élevée.
Dans les régions inférieures de l'atmosphère, pour 180
mètres environ d'altitude en plus dans nos climats et 200
mètres sous l'équateur, le thermomètre baisse de 1 degré.
La température moyenne d'un lieu est donc sous la dépen-
dance de l'altitude; elle décroît quand cette dernière augmente. Pour citer un exemple, prenons Quito, situé sous
l'équateur à une altitude de 2914 mètres. Sa température
moyenne annuelle est de 15°,6. Au niveau de la mer, cette
température est de 27°, 5.

15. Influence du voisinage des mers. — Le voisinage
des mers élève la température moyenne en même temps
qu'il affaiblit les variations extrêmes de la saison d'été et
de la saison d'hiver. L'eau s'échauffe avec difficulté; mais,
par contre, elle se refroidit avec la même difficulté. D'un
bout à l'autre de l'année, elle conserve ainsi dans le bassin des mers une température bien moins variable que
celle du sol, lui-même apte tantôt à un échauffement rapide,
tantôt à un rapide refroidissement. L'air en contact avec
la mer participe à cette constance de température, et,
déplacé à l'état de vent, vient la communiquer aux terres
voisines. Les chaleurs de l'été se trouvent ainsi tempérées,
et les froids de l'hiver adoucis.

Ce n'est pas tout. La proximité des eaux est cause d'une
plus grande abondance de vapeurs dans l'air, qui de la
sorte devient d'une part plus apte à s'échauffer sous les
rayons du soleil, et d'autre part plus efficace pour empêcher la chaleur du sol de se déperdre. De là résultent une
augmentation dans les causes d'échauffement, et une dimi-
nution dans les causes de refroidissement.

16. Climats maritimes et climats continentaux. — Pour ces motifs, dans les régions qu'avoisine la mer, la température éprouve des variations moins grandes dans le cours de l'année; l'hiver y est moins froid, et l'été moins chaud; enfin, le climat y est plus doux, plus constant. Au cœur des continents, au contraire, là où les mers ne font plus ressentir leur influence pour tempérer les ardeurs de l'été et les rigueurs de l'hiver, le climat est soumis à des variations considérables.

Un exemple suffira pour nous renseigner sur la rapidité de ces variations à mesure que la région considérée est plus avancée dans les terres. Cherbourg, Paris et Vienne ont à peu près la même latitude et la même altitude; cependant ces trois villes, à cause de leur position plus ou moins continentale, ont des différences bien inégales entre leur température moyenne de l'été et leur température moyenne de l'hiver. Pour Cherbourg, la différence est de 11°; pour Paris, elle est de 15°; et pour Vienne, de 20°.

17. Climat des îles. Climats excessifs. — C'est dans les îles de petite étendue, entourées par de grandes mers, que le climat maritime, avec ses faibles variations de température, est le mieux caractérisé. C'est enfin au centre des vastes étendues continentales que les variations thermométriques atteignent leur plus grande amplitude. Dans ce dernier cas, le climat est dit *excessif*.

Mettons en parallèle l'île de Man, dans la mer d'Irlande, et Moscou, au centre des immenses plaines de la Russie. La latitude ne diffère pas assez pour qu'il soit nécessaire d'en tenir compte, et pourtant la différence des climats est énorme. Dans l'île de Man, la moyenne de l'hiver est de 5°,59 au-dessus de zéro, et celle de l'été 15°,08. La différence de l'hiver à l'été est ainsi de 9°,49. A Moscou, la moyenne de l'hiver est 10°,22 au-dessous de zéro; la moyenne de l'été 17°,55. La différence est 27°,77. L'île de Man a un climat *insulaire*; Moscou, un climat *excessif*.

Comparons encore les îles Feroë et Iakoutsk dans les steppes de la Sibérie. A parité de latitude, le thermomètre marque en moyenne pendant l'hiver 3°,90 au-dessus de zéro aux îles Feroë, 38°,9 au-dessous de zéro à Iakoutsk ; pendant l'été, 11°,6 pour la première localité ; 17°,2 pour la seconde. L'amplitude des variations thermométriques dans le cours d'un an est ainsi de 6°,7 aux îles Feroë, et de 56°,1 à Iakoutsk. Un courant marin d'eau chaude, le Gulf-stream, dont nous aurons à nous occuper bientôt, concourt d'ailleurs, pour une large part, à cette douceur de climat des îles Feroë.

18. Influence de la nature du sol, de son inclinaison, de son orientation. — Parmi les causes qui exercent leur influence sur la température moyenne d'un lieu, nous mentionnerons la nature du sol, qui s'échauffe différemment par insolation, suivant qu'il est boisé ou dépourvu de végétation, sec ou marécageux, couvert de terre végétale ou dénudé. Toutes choses égales d'ailleurs, un terrain sec et aride s'échauffe et se refroidit plus vite qu'un terrain humide et boisé.

Il faut tenir compte également de son inclinaison, qui, en favorisant l'écoulement des eaux, rend le sol plus apte à s'échauffer et à se refroidir avec rapidité; et enfin de son orientation, car l'efficacité des rayons solaires sur une surface diminue à mesure que cette surface se présente plus obliquement à leur direction. Dans notre hémisphère, le flanc méridional d'une montagne possède une température moyenne plus élevée que celle du flanc septentrional. La végétation y remonte plus haut, ainsi que la limite des neiges perpétuelles. Mais dans l'hémisphère opposé, c'est le flanc septentrional qui possède ce surcroît de température moyenne.

19. Influence des vents dominants et des courants marins. — Le vent dominant des côtes occidentales de l'Europe est le sud-ouest, c'est-à-dire le contre-alizé abaissé dans les couches inférieures de l'atmosphère vers le trentième degré de latitude. Ce courant aérien, qui a pris naissance dans les régions équatoriales, apporte un supplément de chaleur jusque vers l'extrémité nord de l'Europe, dont il élève la température moyenne sur les côtes occidentales. Le courant chaud de l'Atlantique, le

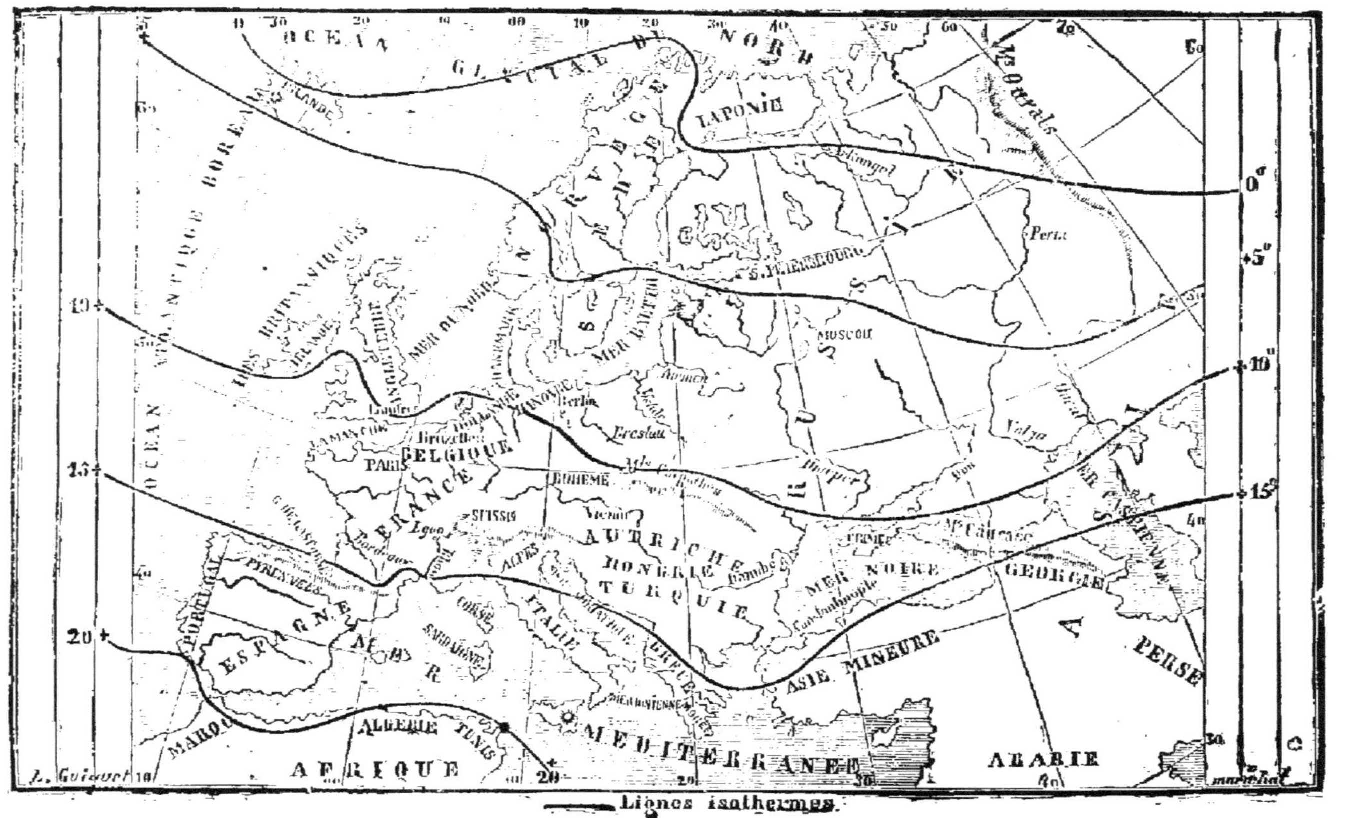

Lignes isothermes.

Fig. 11.

Gulf-stream, concourt largement au même résultat.

L'Europe et l'Amérique du Nord occupent les deux rives opposées de l'Atlantique. Du côté de l'Europe se dirigent deux sources de chaleur : le Gulf-stream et le vent du sud-ouest ; au contraire, le littoral de l'Amérique est longé par un courant d'eau froide, venu des mers polaires et débouchant dans l'Atlantique par la mer de Baffin. Pour ces deux causes réunies, à parité de latitude, le climat de l'Amérique est plus rigoureux que le climat de l'Europe, sur le rivage de l'Atlantique. Aussi, vers Terre-Neuve, correspondant en latitude au nord de la France, la température moyenne est de 0°, tandis qu'elle est environ de 10 pour le nord de la France.

20. Lignes isothermes. — Pour représenter graphiquement la distribution de la chaleur à la surface du globe, on joint sur la carte par un trait continu tous les points d'égale température moyenne. Les lignes ainsi obtenues portent le nom de lignes *isothermes*, c'est-à-dire d'égale température.

Les isothermes ne se confondent pas avec les parallèles à l'équateur, ce qui précède ou établit suffisamment la cause ; ce sont des lignes plus ou moins irrégulières, non parallèles entre elles, dont les inflexions sont déterminées par les conditions si multiples qui influent sur la température moyenne. La figure 11 reproduit de 5° en 5° les isothermes de l'Europe. On voit comment ces lignes s'infléchissent vers le nord, sur les côtes occidentales sous l'influence du Gulf-stream et du contre-alizé.

21. Pôles du froid. Équateur thermal. — Dans les parages de la mer de Behring, les isothermes éprouvent une inflexion vers le nord analogue à celles qu'elles subissent dans l'Atlantique (fig. 12) et finissent par prendre la forme d'un 8. Enfin elles se séparent en deux parties distinctes qui, se resserrant de plus en plus, aboutissent à ce qu'on nomme les *pôles du froid*. C'est en ces deux points que la température moyenne est la plus basse. L'un se trouve au nord de l'Amérique, l'autre au nord de la Sibérie. Le pôle géographique est compris entre les deux.

On attribue au premier, mais avec les incertitudes qu'entraîne le peu de données que l'on possède sur ces redoutables régions, la température moyenne de — 19°, et au second celle de — 17°. Il est digne de remarque que le point le plus froid de la terre dans notre hémisphère n'est pas le pôle géographique lui-même.

L'équateur thermal est l'isotherme de la température moyenne la plus élevée. Cette température est de 28° en-

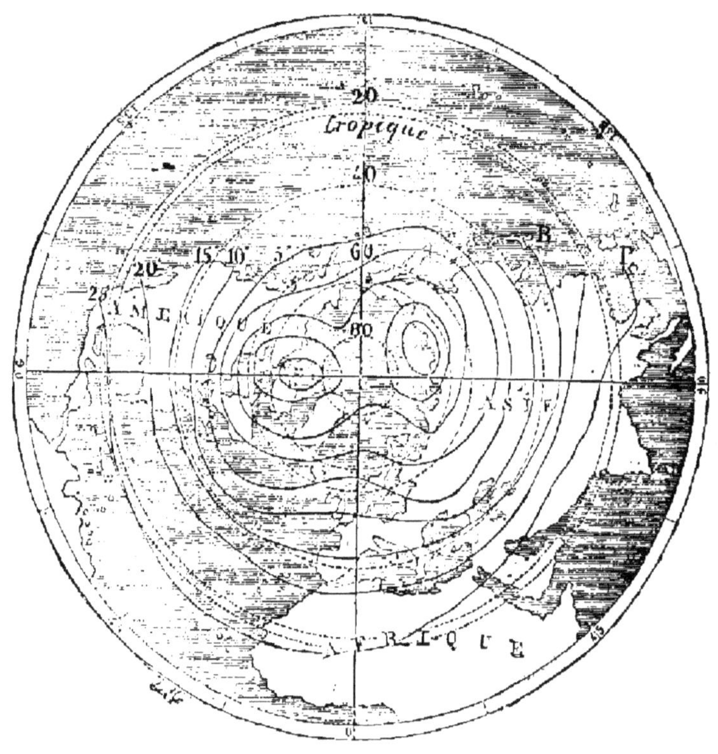

FIG. 12.

viron. L'équateur thermal ne se confond pas avec l'équateur géographique. Il coupe celui-ci en deux points, vers l'île de Sumatra et sur les côtes du Pérou, pour remonter de quelques degrés vers le nord dans l'intérieur de l'Afrique et redescendre sans doute un peu vers le sud dans le Grand Océan.

22. Températures extrêmes. — Les températures

extrêmes, soit de l'été, soit de l'hiver, bien que de très courte durée et parfois sans influence sensible sur la température moyenne, peuvent modifier profondément le climat d'un pays et exercer sur la végétation une action capitale, tantôt en permettant aux plantes de mûrir leurs graines en quelques jours, tantôt en faisant périr celles qui pourraient prospérer avec la température habituelle. C'est, en général, dans l'intérieur des continents que le thermomètre éprouve les variations les plus fortes de la saison d'été à la saison d'hiver ; c'est dans le voisinage des mers que ces oscillations ont la moindre étendue. Le myrte, plante essentiellement méridionale, passe les hivers en plein air sur les côtes sud de l'Angleterre et sur celles de notre Bretagne ; ce qu'il ne pourrait faire, à latitude égale, dans l'intérieur du continent, où la température extrême de l'hiver est plus basse. Mais d'un autre côté, il ne peut y mûrir ses fruits, parce que la température de l'été n'est pas assez élevée.

Quant aux températures extrêmes observées sur la surface entière du globe, elles sont d'une part $+ 56°$, dans l'oasis de Mourzouc, et $— 60°$ à Iakoutsk. Ces deux extrêmes ont pour différence $116°$, supérieure à la différence entre la température de l'eau bouillante et celle de la glace fondante.

CHAPITRE III

LES MERS

1. Étendue et lit des mers. — Les eaux marines couvrent les trois quarts à peu près de la surface du globe, et c'est dans l'hémisphère austral qu'elles sont en majeure partie amassées. La France occupe à peu près le centre de la moitié du globe où la terre ferme prédomine; ses antipodes occupent le centre de la moitié où dominent les eaux.

Le fond de la mer ou le *lit* est aussi accidenté que la terre ferme elle-même. En certains points, il est creusé de profondes vallées; en d'autres, il est hérissé de chaînes de montagnes, dont les plus hautes cimes dépassent le niveau des eaux et forment des îles; en d'autres encore, il s'étale en vastes plaines ou se dresse en plateaux. Mis à sec, il ne différerait pas des continents. La profondeur est donc extrêmement variable, suivant que l'on considère un point situé au-dessus des gouffres d'une vallée, ou bien au-dessus des escarpements d'une montagne et des hauteurs d'un plateau.

2. Profondeur. — La plus grande profondeur de la Méditerranée paraît être entre l'Afrique et la Grèce. Dans ces parages, pour toucher le fond, la sonde dévide de 4000 à 5000 mètres de corde. Dans l'Atlantique, c'est plus encore : au sud de Terre-Neuve, la sonde accuse 8000 mètres environ, deux fois la hauteur du Mont Blanc. Enfin dans l'hémisphère sud, là où la submersion du globe est à peu près totale, on a trouvé des profondeurs de 14 et 15 kilomètres; mais tout porte à croire que les difficultés du sondage rendent ces nombres exagérés.

Entre ces abîmes océaniques et la rive, tous les degrés intermédiaires de profondeur peuvent se présenter, tantôt d'une manière graduelle, tantôt brusquement, suivant la configuration du lit. Sur tel rivage, la mer croît rapidement en profondeur; le rivage est alors le haut d'un escarpement dont la mer occupe le fond; sur tel autre, elle croît peu à peu, et il faudrait se porter au large à de grandes distances pour trouver quelques mètres d'eau. Le lit est alors une plaine à pente insensible, continuation de la plaine terrestre.

La profondeur moyenne des mers paraît être de 6 à 7 kilomètres, c'est-à-dire que si toutes les inégalités sous-marines disparaissaient pour faire place à un lit régulier, comme le fond d'un bassin bâti de main d'homme, les mers, tout en conservant en surface l'étendue qu'elles ont aujourd'hui, posséderaient une couche d'eau uniforme de 6 à 7 kilomètres d'épaisseur.

3. Comparaison de la masse des eaux à la masse du globe. — Toutes les eaux arrosant la terre ferme, fleuves, rivières et torrents, ont pour origine la mer elle-même, qui, par l'évaporation, fournit à l'atmosphère ses vapeurs et ses nuages. Supposons néanmoins que le lit des océans soit à sec, et que tous les fleuves du monde continuent à couler avec la même abondance. Pour remplir le bassin des mers, il leur faudrait 50 millions d'années ! Et cependant, cette immense quantité d'eau se réduit à bien peu quand on la compare à la masse du globe terrestre. En effet, sur une sphère géographique d'un mètre de rayon, les 6 à 7 kilomètres représentant la profondeur moyenne des océans auraient pour valeur proportionnelle un millimètre environ. Un pinceau largement imbibé d'eau et promené à la surface d'un globe géographique ayant les dimensions qu'on lui donne habituellement, laisserait après lui assez d'humidité pour figurer les océans.

4. Salure des mers. — Les eaux de la mer renferment en dissolution de nombreuses substances, qui leur donnent une saveur extrêmement désagréable et les rendent impropres aux usages domestiques. La plus abondante de ces substances est le sel ordinaire.

La salure des mers est variable; elle est d'autant plus forte, en général, que la région considérée reçoit moins d'eau douce par les fleuves qui s'y jettent, et est soumise, sous un soleil plus chaud, à une évaporation plus rapide. Un litre d'eau de l'Atlantique contient 33 grammes de matériaux salins, un litre d'eau de la mer Méditerranée en contient 44. D'autre part, la mer Noire en contient 18 grammes par litre, et la mer Caspienne seulement 6. La mer Morte est tout à fait exceptionnelle sous le rapport de son degré de salure : on trouve dans ses eaux jusqu'à 400 grammes de substances salines par litre. Si les océans évaporés laissaient à sec toutes leurs matières salines, ces matières suffiraient pour recouvrir la surface entière du globe d'une couche uniforme de dix mètres d'épaisseur.

5. **Coloration.** — Vue en petite masse, l'eau semble incolore; vue en grande masse, elle apparaît avec sa coloration naturelle, qui est le bleu verdâtre. La mer est donc d'un bleu virant au vert, plus foncé au large, plus clair près des côtes. Mais cette coloration se modifie beaucoup suivant l'état de la surface des eaux, l'incidence de la lumière et l'éclat du ciel. Sous un soleil vif, la mer tranquille est d'un azur brillant ou d'un riche indigo; sous un ciel orageux, elle devient vert bouteille et passe presque au noir.

La mer peut présenter encore d'autres nuances qui tiennent à des causes purement locales, par exemple à la nature du fond, à des sables diversement colorés, à des animalcules, à des algues microscopiques pullulant dans ses eaux. C'est ainsi que l'apparence sanguinolente que prennent parfois certains parages de la mer Rouge est occasionnée par d'innombrables filaments d'une algue microscopique teinte de pourpre. La mer Vermeille, en Californie, doit sa coloration à des animalcules rouges.

6. **Vagues.** — Les mouvements atmosphériques ébranlent la superficie de la mer et lui communiquent des mouvements correspondants. Si le vent est inégal, il fait naître des *flots*, qui bondissent couronnés d'une crinière d'écume, se heurtent et se brisent l'un contre l'autre. S'il est fort et continu, il soulève les eaux en longues intumescences, en *vagues* ou *lames*, qui s'avancent du large par rangées parallèles, se succèdent avec une majestueuse uniformité, et viennent l'une après l'autre se précipiter sur le rivage.

Ces mouvements n'affectent que la superficie de la mer; à une trentaine de mètres de profondeur, l'eau se maintient tranquille, même au milieu des plus fortes tempêtes. Dans nos contrées, la hauteur des plus grandes vagues n'atteint guère que deux à trois mètres; mais dans quelques parages des mers du Sud, dans le voisinage du cap Horn et du cap de Bonne-Espérance, les ondes, par des temps exceptionnels, deviennent de véritables chaînes de collines mouvantes, d'une dizaine de mètres d'élévation.

7. Marées. — Les fluctuations des mers ayant pour cause le vent sont purement accidentelles, irrégulières comme les variations atmosphériques elles-mêmes; mais à ces mouvements viennent s'en joindre d'autres d'une grande régularité et se reproduisant par intervalles périodiques : ce sont les *marées*.

Sur toutes les côtes océaniques, à certaines heures, la mer abandonne son rivage, se retire et laisse à sec des étendues qu'elle occupait d'abord. C'est alors le *reflux* ou la *marée descendante*. Un peu plus tard, elle vient reprendre possession de l'étendue abandonnée. Ce retour des flots, c'est le *flux* ou la *marée montante*. Ces oscillations océaniques, tour à tour en avant et en arrière, se succèdent à six heures d'intervalle. Dans les vingt-quatre heures, il y a deux flux et deux reflux.

Les marées sont dues à l'attraction que la lune exerce sur toute la masse du globe terrestre, et particulièrement sur la masse des eaux, qui, par leur fluidité, obéissent plus facilement à l'influence lunaire. A l'attraction de la lune s'ajoute l'attraction du soleil, mais dans une proportion moindre, à cause de l'énorme distance de cet astre.

Les effets de la lune et du soleil sur les eaux océaniques tantôt agissent de concert et tantôt se contrarient. Ils concordent lorsque la terre, la lune et le soleil se trouvent sur la même ligne droite, n'importe la position respective des trois astres. La marée, produite alors par la somme des actions de la lune et du soleil, est la plus forte possible. Ainsi, les plus grandes marées arrivent à l'époque des *syzygies*, c'est-à-dire lorsque le soleil, la terre et la lune sont en ligne droite. A cette époque, la lune est pleine ou nouvelle.

Au contraire, si le soleil est à l'horizon lorsque la lune est en haut du ciel, en d'autres termes, si la terre occupe le sommet d'un angle droit dont le soleil et la lune occupent les côtés, l'action solaire contrarie l'action lunaire, et des deux effets discordants résulte une marée la plus faible possible. L'époque où les trois astres sont disposés de la sorte se nomme *quadrature*. La lune alors est à son premier ou à son dernier quartier; elle ne nous montre que la moitié de son disque. En résumé, les fortes marées ont lieu à l'époque de la nouvelle lune et de la pleine lune; les faibles marées ont lieu quand la lune est dans son premier ou dans son dernier quartier.

L'intumescence des eaux soulevées par l'attraction lunaire ne se déplace pas à la manière d'un courant. La mer se soulève et s'affaisse sur place, se gonflant au point où la lune passe, se dégonflant quand l'astre s'est transporté plus loin. Les vaisseaux ne sont pas plus entraînés par l'onde de la marée que ne le sont les brins de paille par les ondulations que la chute d'une pierre fait naître sur une nappe d'eau tranquille. Un soulèvement et un affaissement alternatifs des eaux, se propageant de proche en proche, toujours avec la même ampleur, voilà tout ce qui se passe en pleine mer; et il en serait ainsi de partout si la terre entière était couverte par l'océan.

8. **Hauteur des marées.** — Dans une mer libre des obstacles des terres, l'onde n'acquiert qu'une faible élévation. Pour les îles situées au milieu du Grand Océan, la marée ne monte guère qu'à un demi-mètre. Au voisinage des terres, dans les passages étroits surtout, l'onde, ralentie dans sa marche, est refoulée sur elle-même, et s'élève bien plus haut qu'elle ne le fait dans une mer libre. Ainsi, à Saint-Malo, suivant que les circonstances sont plus ou moins favorables, la marée monte de 6 mètres à 7 mètres et demi au-dessus de son niveau moyen pendant le flux, et baisse de la même quantité au-dessous de ce niveau pendant le reflux, de sorte que la différence entre la mer basse et la haute mer varie de 12 à 15 mètres. Hors de la Manche, les côtes océaniques de la France n'ont plus que des marées de deux à trois mètres.

Loin des terres, le gonflement et le dégonflement alternatifs des eaux ne produisent aucun courant; près des terres, c'est autre chose. Quand la mer monte, elle se répand avec rapidité sur les rivages peu inclinés; quand elle baisse, elle recule tout aussi vite, et laisse à sec ces mêmes rivages. De là résultent deux courants, le *flux* et le *reflux*, tour à tour dirigés, de six heures en six heures, de la mer à la terre et de la terre à la mer.

Pour être soumise aux marées, une nappe d'eau doit embrasser au moins le quart du tour de la terre. Par conséquent, les mers de peu d'étendue, enclavées dans les terres, n'éprouvent pas de marées. Dans la Méditerranée, par exemple, les marées ne se traduisent que par des oscillations à peine sensibles.

9. **Barre, mascaret.** — En pénétrant dans l'embouchure des fleuves, la marée montante produit ce qu'on nomme une *barre*. Le fleuve est arrêté, barré dans son cours et refoulé en arrière par les poussées de la mer et les sables accumulés. Les passages où s'établit cette lutte entre l'eau douce et l'eau salée sont dangereux pour la navigation.

La poussée de la marée peut encore chasser les eaux d'un fleuve en sens inverse des pentes, et les faire refluer en arrière en quelques ondes plus ou moins élevées. Ce reflux fluvial est connu sous le nom de *mascaret*. On l'observe, en France, dans la Dordogne et dans la Seine.

10. **Courants océaniques.** — Outre les fluctuations déterminées par l'attraction lunaire et par les vents, les mers possèdent d'autres mouvements dont les principales causes sont l'inégale répartition de la chaleur solaire à la surface du globe et la rotation de la terre sur son axe.

D'une manière générale, l'inégalité de température amène un continuel échange des eaux entre les mers chaudes de l'équateur et les mers glaciales des pôles. Des premières partent des *courants* qui s'en vont vers l'un et l'autre pôle porter la chaleur de leurs eaux ; des secondes descendent d'autres courants qui viennent se réchauffer sous le soleil des tropiques, pour revenir après à leur point de départ.

En second lieu, comme la masse des eaux, à cause de sa fluidité, obéit moins facilement que la masse solide au mouvement de rotation de la terre de l'ouest à l'est, principalement à l'équateur, là où la vitesse est la plus grande, il en résulte que les eaux équatoriales sont un peu en retard sur le mouvement général, et donnent ainsi naissance à un courant qui se propage en sens inverse, c'est-à-dire de l'est à l'ouest. Si les mers recouvraient tout le globe, ce *courant équatorial* ferait régulièrement le tour de la terre dans la direction est-ouest ; mais il se heurte à l'Amérique dans l'Atlantique, à l'Asie dans l'océan Pacifique, et de là résultent des déviations.

11. Courants de l'Atlantique. — Le Gulf-stream. — Le courant équatorial de l'Atlantique se dirige des côtes de la Guinée, en Afrique, vers les côtes du Brésil, dans l'Amérique méridionale. Là il se divise en deux branches, dont l'une descend au sud et longe l'Amérique, et dont l'autre remonte au nord en pénétrant dans le golfe du Mexique. Occupons-nous spécialement de cette dernière, la plus importante pour nous.

Ses eaux, chauffées pendant leur long parcours sous l'équateur, gagnent encore en température dans le golfe du Mexique, d'où elles s'échappent en formant un nouveau courant appelé le *Gulf-stream*[1], c'est-à-dire courant du golfe. C'est un fleuve d'eau tiède au milieu de la mer. Ses rives et son lit sont les eaux plus froides de l'Océan. A son origine, le Gulf-stream mesure une largeur de quatorze lieues et une profondeur de 300 à 400 mètres. La rapidité de son cours est d'abord de deux lieues par heure ; mais elle diminue peu à peu, tout en conservant jusqu'à la fin une valeur assez considérable. Les deux géants des fleuves, l'Amazone et le Mississipi, ne roulent pas la millième partie de ses ondes. Ses eaux, d'une belle teinte bleue, se dessinent nettement sur le fond vert des eaux communes de l'Océan. Cet étrange fleuve, qui coule dans des eaux plus froides que les siennes, se maintient néanmoins encaissé entre ses rives fluides ; et jusqu'à la hauteur des Açores, il n'y a pas de mélange entre les flots bleus et les flots verts. Après avoir remonté les côtes de l'Amérique, le Gulf-stream se divise en deux branches, dont l'une se dirige vers les Açores, longe les côtes de l'A-

1. Prononcez *Gueulf-strim*.

frique, s'infléchit alors vers l'ouest et rentre dans le golfe du Mexique, parallèlement au courant équatorial.

La seconde branche, continuant sa marche vers le nord-est, côtoie l'Irlande, l'Écosse, la Norwége et disparaît enfin sous les glaces du pôle. C'est à la chaleur des eaux de cette seconde branche que les côtes occidentales de l'Europe doivent un climat plus doux que ne le comporterait leur latitude. A défaut de ce surcroît de chaleur amené par ce merveilleux calorifère océanique, les hivers de nos côtes de la Manche, de l'Angleterre, de l'Irlande, de la Norwége, seraient bien autrement rigoureux. Dans les latitudes où la température commence à descendre en hiver au-dessous du zéro thermométrique, le Gulf-stream possède une température de 26 degrés.

Ce n'est pas simplement de la chaleur que le courant de l'Atlantique apporte aux régions boréales. Des troncs d'arbre, balayés sur les rivages de la Floride et de la Louisiane, des graines tropicales, remontent vers le nord, entraînés par le Gulf-stream, et vont échouer en Islande, au cap Nord, au Spitzberg. Des tubes de bambou, des bois sculptés, poussés aux îles Açores par le courant, ont contribué à la découverte de l'Amérique, en confirmant Christophe Colomb dans le soupçon que de nouvelles terres existaient à l'ouest.

12. Mer des Sargasses. — Le Gulf-stream et la branche qui s'en sépare à la hauteur des Açores pour longer l'Afrique et rentrer dans le golfe du Mexique, circonscrivent une étendue d'eau dormante plus grande que la Méditerranée et nommée *mer des Sargasses*. La botanique donne le nom de sargasses à des plantes marines, à des algues couvertes de nombreuses vésicules rondes, qui ont valu à ces mêmes plantes les dénominations vulgaires de *raisins de mer* ou *raisins des tropiques*.

Dans cette espèce de bassin, que cerne de partout le courant, les algues s'amassent et se multiplient au point de former des prairies flottantes, des tapis enchevêtrés, où les navires se frayent avec peine un passage. Colomb, à son premier voyage, eut l'imagination vivement frappée de ce spectacle, nouveau pour lui ; et il lui fallut toute sa fermeté d'âme pour franchir, malgré les murmures de ses compagnons démoralisés, cette mer insidieuse qui menaçait de retenir ses vaisseaux captifs dans le réseau des herbages océaniques.

13. Courant de la baie d'Hudson. — Au courant d'eau chaude qui, du golfe du Mexique, remonte vers le nord, correspond un *contre-courant* d'eau froide venu des régions polaires et nommé *courant de la baie d'Hudson.* — Il débouche dans l'Atlantique par la mer de Baffin, enveloppe Terre-Neuve et se propage en sens inverse du Gulf-stream, entre celui-ci et les côtes occidentales des États-Unis, dont il refroidit le climat. Ses eaux sont froides, ternes, verdâtres et médiocrement salées.

Ainsi, du côté de l'Europe se dirigent deux sources de chaleur : le Gulf-stream et l'alizé du sud-ouest ; au contraire, le littoral de l'Amérique du nord est longé par un courant d'eau froide, le courant polaire descendu par la mer de Baffin. Pour ces deux causes, à parité de latitude, le climat de l'Amérique est plus rigoureux que le climat de l'Europe sur les rivages de l'Atlantique ; ou, ce qui revient au même, pour trouver une température moyenne pareille, il faut remonter plus au nord en Europe et descendre plus avant dans le midi en Amérique. L'extrême Laponie est coupée par le parallèle 70. Sa température moyenne est 0°. Sous le même parallèle, on trouve en Amérique une température moyenne de 10° au-dessous de zéro dans le voisinage de l'Atlantique, et de 15° au-dessous de zéro dans l'intérieur des terres. Pour trouver cette moyenne 0°, il faut avancer d'une vingtaine de degrés plus au sud, sous le parallèle 51, c'est-à-dire presque vers Terre-Neuve, correspondant en latitude au nord de la France, où la température moyenne est de 10° environ.

Pendant l'été, la *banquise*, c'est-à-dire le champ de glace qui recouvre la surface des mers polaires, se brise, avec de formidables détonations, en énormes fragments nommés *ice-fields* (plaine de glace). Il n'est pas rare de rencontrer certaines de ces plaques mesurant plusieurs kilomètres carrés de superficie. Il descend même parfois de la mer de Baffin des blocs incomparablement plus volumineux; le baleinier anglais Scoresby en a rencontré mesurant 35 lieues en long sur 10 en large. Enfin, il se détache des terres voisines, pour tomber à la mer, des montagnes de glace, appelées *ice-bergs* On en a mesuré dont le volume était de plusieurs millions de tonnes et dont la hauteur totale pouvait atteindre de un à deux milliers de mètres. Ces masses émergeaient de 100 à 200 mètres au-dessus des eaux; le reste était immergé. Sous les rayons du soleil, les ice-bergs se gercent, se fendillent et parfois éclatent en mille pièces avec un bruit que l'on a comparé à la décharge simultanée de plusieurs centaines de pièces d'artillerie. Des sables, des pierres, des quartiers de roc, arrachés aux terres d'où ils proviennent, sont répandus à leur surface ou incrustés dans leur épaisseur.

Toutes ces *glaces flottantes*, fragments de banquises et fragments de glaciers, descendent vers le sud, entraînées par le courant d'eau froide. Tantôt les glaçons sont isolés; tantôt ils s'avancent, en flotte innombrable, dans toute l'étendue que le regard peut embrasser. C'est alors que le spectacle est le plus étrange : on croirait voir osciller sur les flots les ruines de quelque cité de géants bâtie avec du cristal et de l'albâtre.

Tôt ou tard, dans des eaux plus chaudes, les plaques de glace se fondent ; mais les ice-bergs flottent plus longtemps et n'achèvent leur fusion qu'à la rencontre du Gulf stream. C'est au nord de Terre-Neuve qu'à lieu le contact entre les eaux chaudes venues du golfe du Mexique et les eaux froides venues des mers polaires. Le grand plateau sous-marin connu sous le nom de *banc de Terre-Neuve* est le produit de la rencontre des deux courants. Au contact des eaux tièdes, les ice-bergs charriés par le courant polaire se fondent et déchargent dans la mer les débris minéraux enlevés au rivage du Groenland. Le banc de Terre-Neuve est un remblai fait avec les matériaux que les glaces flottantes apportent des terres arctiques.

14. Courants de l'océan Pacifique et de l'océan In-

dien. — Des faits du même genre se reproduisent pour les autres océans. Dans le Pacifique, le courant équatorial part des côtes de la Colombie, en Amérique, et se divise en deux branches à travers les archipels de l'Océanie. La branche méridionale contourne l'Australie et va au-devant des eaux froides venues du pôle sud ; la branche septentrionale se heurte à l'Asie, s'y infléchit et se dirige au nord en longeant le Japon, où elle prend le nom de *Fleuve noir*, à cause de la couleur indigo foncé de ses eaux. Cette branche pénètre dans la mer de Behring, où elle rencontre les glaces flottantes et les eaux froides d'un contre-courant venu des mers polaires par le détroit de même nom, puis se recourbe au contact des côtes de l'Amérique du Nord et retourne se confondre avec le courant équatorial, en entourant de son circuit une étendue couverte d'algues flottantes et comparable à la mer des Sargasses.

Dans l'océan Indien, le courant équatorial est dévié au sud par les côtes de l'Afrique et forme entre celle-ci et l'île de Madagascar le courant de Mozambique. Il a, comme les précédents, sa mer des Sargasses au centre du circuit. Les contre-courants d'eau froide lui viennent des mers du pôle sud et charrient des glaces flottantes parfois jusqu'à proximité du cap de Bonne-Espérance.

15. Courants des détroits. — Beaucoup de détroits ont des courants dus à l'inégale rapidité d'évaporation des deux mers qu'ils font communiquer entre elles. Ainsi, à surface égale, la Méditerranée perd, sous les rayons du soleil, plus d'eau que ne fait l'océan Atlantique. Pour remplacer l'eau disparue et rétablir le niveau, il entre par le détroit de Gibraltar un courant venu de l'Atlantique. Mais cela ne suffit pas. L'évaporation, en effet, n'enlève que l'eau et laisse entièrement le sel. Si donc la Méditerranée recevait toujours de l'Océan sans perdre elle-même autre chose que l'eau pure évaporée, la salure irait toujours en augmentant et la mer finirait par se prendre en un banc de sel. Cet excès de salure est évité de la manière suivante. Tandis qu'il entre par le détroit de Gibraltar de l'eau peu salée venant de l'Océan, il sort par le même détroit de l'eau très

salée venant de la Méditerranée, la première en grande
abondance pour rétablir le niveau des eaux, la seconde en
moindre quantité pour rejeter le sel surabondant. Le détroit est ainsi parcouru par deux courants inverses et su-
perposés : le courant de surface est formé par l'eau qui
entre, moins salée et par conséquent plus légère; le courant
du fond est formé par l'eau qui sort, plus salée et par suite
plus lourde.

Semblables faits se répètent, mais avec plus d'intensité,
au détroit de Bab-el-Mandeb. La mer Rouge, située sous
un ciel ardent, subit une évaporation énorme, et de plus
elle ne reçoit les eaux d'aucun fleuve. Pour rétablir le niveau et maintenir la salure à un degré constant, un fort
courant d'entrée et un moindre courant de sortie franchis-
sent le détroit, le premier à la surface, le second au fond.

16. Falaises et dunes. — C'est à l'action continuelle
des vagues que sont dues les *falaises*, c'est-à-dire les escarpements verticaux servant en quelques points de rivage
à la mer. De pareils escarpements se montrent sur les côtes
de la Manche, tant en France qu'en Angleterre. Sans re-
lâche, l'océan les affouille, les sape par la base, en fait
écrouler des pans qu'il triture en galets, et progresse d'autant sur la terre. L'histoire a conservé le souvenir de phares,
de tours, d'habitations, de villages même, qu'il a fallu
abandonner à la suite de pareils éboulements et qui aujourd'hui ont leurs ruines sous les eaux.

En d'autres points, la vague apporte à la terre ferme de
nouveaux matériaux. Elle pousse sur le rivage des masses
de sable, dont les parties fines chassées par le vent donnent
naissance à de longues collines appelées *dunes*.

CHAPITRE IV

LES EAUX DOUCES

1. Origine des cours d'eau. — L'arrosage de la terre
ferme, condition de première nécessité aussi bien pour la
vie de l'animal que pour la vie de la plante, se fait exclu-
sivement par les eaux de l'atmosphère, précipitées çà et là
sous forme de pluie et sous forme de neige. L'atmosphère
à son tour reçoit les eaux de la mer, d'où la chaleur solaire
les élève à l'état de vapeur, bientôt convertie en nuages.
Tous les cours d'eau des continents, fleuves et fontaines,
sources, rivières et torrents, n'ont qu'une seule origine :
les nuages du ciel formés et renouvelés par l'incessante
évaporation des mers.

Les infiltrations des eaux pluviales et de l'humidité atmosphérique, la fusion des neiges et des glaciers, donnent
naissance à des sources, à des ruisseaux, qui par leur
réunion constituent des rivières. Celles-ci, en suivant la
pente des terrains, se rejoignent et forment des courants
plus considérables, qui, sous le nom de fleuves, vont déverser les eaux continentales aux océans, d'où ces mêmes
eaux étaient venues sous forme de nuages. Dans le bassin
des mers commence et se termine le travail hydraulique
destiné à verser aux terres la fraîcheur et la fécondité. La
chaleur solaire y puise les eaux à l'état de vapeur et de
nuages, qui se précipitent en pluie sur la terre ferme ; la
pesanteur les y ramène à l'état de rivières et de fleuves
qui suivent les pentes du sol.

Depuis le plus grand fleuve jusqu'au moindre ruisseau,
depuis le vaste lac jusqu'à la flaque croupissante, toutes
les eaux de la terre ferme viennent donc de la mer, et

toutes y retournent. Elles en viennent soulevées en nuages par la chaleur du soleil et chassées par le vent tantôt dans une direction et tantôt dans une autre ; elles y retournent devenues pluies, neiges et enfin courants. Ces eaux sont douces, malgré leur origine marine, parce que les matières salines ne sont pas aptes à se réduire en vapeurs aux rayons du soleil. Quand l'évaporation se fait à la surface des océans, l'eau pure seule s'en va et le sel reste.

2. Invariable niveau des mers. — La mer alimente tous les fleuves du monde, et tous les fleuves du monde rendent à la mer, jusqu'à la dernière goutte, l'eau qu'ils en ont reçue. Par ce continuel mouvement d'entrée et de sortie, les bassins océaniques se maintiennent à un invariable niveau. Si, malgré l'énorme masse d'eau que l'ensemble des fleuves déverse continuellement à la mer, ce niveau n'augmente en rien, cela provient de ce que l'évaporation enlève continuellement aussi à la mer une masse d'eau équivalente pour l'entretien des fleuves.

A cause de leur situation à l'intérieur des terres et sous un ciel ardent, certaines mers peuvent éprouver une déperdition de vapeurs supérieure à la masse liquide fournie par les affluents d'eau douce ; mais il se fait alors à travers les détroits des échanges avec les mers voisines, et le niveau se conserve le même. C'est ce que nous venons de voir au sujet du détroit de Gibraltar et celui de Bab-el-Mandeb.

D'autres fois encore, de nombreux affluents et la faible température du climat sont cause que la quantité d'eau reçue dépasse les vapeurs fournies. L'excès en gain s'échappe alors par les détroits dans les mers voisines et forme des courants de surface. C'est ce qui a lieu pour la mer Baltique et pour la mer Noire.

Dans quelques cas plus rares, la mer est cernée de partout par la terre, sans communication avec d'autres nappes liquides ; telle est la mer Caspienne. Dans ces conditions, le niveau ne varie pas, parce que le gain par les affluents compense exactement la perte par l'évaporation.

3. Vapeur atmosphérique. — Dans les conditions d'une

température moyenne, une nappe d'eau laisse, en vingt-quatre heures, évaporer 1 litre d'eau environ par mètre carré de surface. Chaque kilomètre carré de la mer fournit donc à l'atmosphère, en ce laps de temps, 1 000 000 de litres d'eau. Les trois quarts à peu près de l'étendue du globe étant occupés par les eaux de la mer, l'atmosphère reçoit journellement, par l'évaporation des océans, 400,000,000 de fois un million de litres d'eau. A cela il faut ajouter les vapeurs fournies par le sol humide, par les diverses nappes d'eau douce, fleuves, lacs, marécages, enfin par la transpiration des animaux et l'exhalation des végétaux. Un arbre ne doit pas être de très grande taille pour exhaler, par l'ensemble de ses feuilles, une dizaine de kilogrammes d'eau en vingt-quatre heures. La transpiration invisible qui s'effectue à la surface de notre corps fournit à l'air environ un kilogramme d'eau par jour.

Toutes ces évaluations approximativement faites, on est saisi d'étonnement devant l'énorme masse de vapeur sans cesse émise dans l'atmosphère. Mais l'évaporation qui alimente les réservoirs atmosphériques est balancée par la chute des eaux en gouttes de pluie, en flocons de neige, en noyaux de grêle; tantôt ici, tantôt ailleurs, sous une forme ou sous l'autre, retombent les vapeurs aériennes surabondantes. Si la chaleur et un air sec rendent ici l'évaporation active, il pleut ailleurs, ou il neige, ou il grêle, de manière à compenser dans des limites étroites le gain quotidien en vapeurs, si bien que l'accumulation indéfinie des eaux aériennes devient impossible. Par suite de cet équilibre entre l'évaporation, qui élève l'eau dans l'atmosphère, et la condensation, qui la fait redescendre, l'air, sans cesse mélangé par les vents, possède, dans son ensemble, un degré moyen d'humidité qu'il ne peut dépasser dans un sens ni dans l'autre.

Les vents chassent les vapeurs d'une contrée à l'autre, renouvellent la provision de nuages à mesure que la première s'épuise, et font déverser ainsi sur un même point des quantités de pluie incomparablement plus grandes que celle qui résulterait de la simple précipitation des vapeurs directement situées au-dessus du point considéré. Supposons que ce déplacement des nuages deversant ici l'eau évaporée ailleurs, n'ait pas lieu; supposons, en un mot, que l'atmosphère soit tranquille et que par conséquent chaque localité reçoive uniquement la pluie fournie par la colonne atmosphérique correspondante. Dans ces conditions, quelle est au plus la quantité d'eau qui peut tomber ?

Le problème ainsi simplifié n'en présenterait pas moins de grandes difficultés si l'on voulait avoir un résultat voisin de l'exactitude, parce qu'il faut tenir compte de diverses conditions trop peu connues, comme le décroissement de la température et le décroissement de l'humidité de l'air à mesure que l'altitude augmente. Nous exagérerons donc les données du problème dans le sens favorable à la précipitation d'une pluie abondante, pour avoir une limite supérieure qu'aucune averse de nos régions ne pourrait atteindre avec les seules vapeurs contenues dans la colonne atmosphérique surmontant une superficie déterminée.

Donnons aux couches inférieures de l'air une température de 20°, température estivale très favorable à l'abondance des vapeurs; supposons que cette température se conserve la même au lieu de décroître rapidement avec la hauteur; supposons enfin que l'air soit saturé d'humidité jusqu'à la hauteur de 6000 mètres, hauteur où les aéronautes ont vu le parchemin se crisper, comme devant le feu, à cause de la sécheresse. Dans ces conditions, toutes exagérées dans le sens favorable à une averse abondante, quelle sera l'épaisseur de la couche d'eau fournie?

Considérons sur le sol 1 décimètre carré de base, et sur cette base élevons, en pensée, un prisme de 6000 mètres de hauteur. Enfin, au fond de ce prisme, supposons un litre d'eau. La physique enseigne qu'à la température de 20°, 1 litre d'eau peut saturer de vapeurs environ 60 000 litres d'air. Par conséquent, l'eau déposée au fond du prisme, eau dont l'épaisseur est de 1 décimètre, saturera en s'évaporant l'air contenu dans ce prisme jusqu'à la hauteur de 60 000 décimètres ou de 6000 mètres; et réciproquement, la colonne atmosphérique saturée fournira, par la condensation, 1 décimètre de pluie.

Nous sommes loin, on le voit, des couches diluviennes que l'imagination pourrait se figurer. La masse d'eau suspendue dans l'atmosphère est énorme sans doute; mais, répartie sur la surface entière du globe, elle se réduirait à une insignifiante épaisseur. Appliquons, en effet, à la surface entière de la terre le résultat que nous venons d'obtenir pour 1 décimètre de base. Si toute l'atmosphère était saturée de vapeur, à la température de 20° et jusqu'à la hauteur de 6000 mètres, dans ces conditions, qui dépassent la moyenne de l'ensemble du globe, les eaux précipitées auraient un décimètre d'épaisseur.

4. Rôle des montagnes dans la formation des cours d'eau. — C'est autour des hautes cimes que les nuages s'amassent de préférence. Là, tantôt ils se bornent à imprégner le sol d'une humidité que d'autres et puis d'autres encore viennent renouveler, jusqu'à ce qu'elle pénètre à une profondeur suffisante et descende dans les entrailles de la montagne pour sourdre en filets liquides dans la plaine; tantôt ils se résolvent en pluies, qui lavent les pentes et vont rapidement grossir les courants d'eau voisins; tantôt encore, surtout si la cime est très élevée, ils déversent la neige, qui graduellement fondue est pour les sources l'alimentation la plus efficace et la plus durable.

Ainsi, d'une part, à cause des vapeurs qui les enveloppent fréquemment et d'autre part surtout, à cause des neiges qui les couvrent au moins une grande partie de l'année, les chaînes de montagnes sont les lieux d'origine des eaux continentales. De leur double flanc s'écoulent les fleuves nés de la fusion des neiges et de la condensation permanente des vapeurs.

5. Effet du déboisement des montagnes. — Sous le couvert des arbres s'amassent des feuilles mortes qui, non dispersées par le vent, lentement se consument et deviennent terreau. Là végètent des arbustes variés, des gazons, des mousses, des lichens; et le tout forme une couverture spongieuse qui aisément s'imbibe d'eau et la retient pour la céder peu à peu. En outre, les innombrables racines de la végétation fixent la terre dans leurs mailles et l'empêchent d'être balayée soit par le vent, soit par les pluies. Accordons spécialement notre attention au tapis de mousse, ornement habituel du sol des forêts. Ces végétaux infimes sont les régulateurs de la fraîcheur des montagnes ; ils président, pour une grande part, à l'égalité de débit des sources et des ruisseaux.

Les mousses ont la propriété remarquable de s'imbiber aisément et de retenir un poids d'eau bien supérieur à leur propre poids. Supposons-nous dans une forêt des Vosges, par un temps sec, une balance à la main. Recueillons la mousse qui recouvre un mètre carré de surface, nous lui trouverons le poids de un kilogramme environ. Revenons après une bonne pluie d'orage. Cette fois, la mousse recueillie sur un mètre carré de surface pèsera en moyenne six kilogrammes. C'est donc cinq kilogrammes d'eau que la mousse retient, à la manière d'une éponge, rien que pour une étendue d'un mètre carré. Que serait-ce donc pour des forêts entières, occupant des milliers d'hectares !

Ce que nous disons des mousses doit s'appliquer, dans une moindre mesure, au sol lui-même, sorte d'éponge formée de feuilles pourries et d'un entrelacement de fines racines. Tout cela, quand vient un orage, se gorge d'eau et la tient en réserve pour la laisser écouler peu à peu, goutte à goutte. Ainsi s'entretient une fraîcheur constante longtemps après la pluie ; ainsi s'alimentent, à un réservoir lent à tarir, les sources et les ruisseaux, origine de cours d'eau plus importants.

Mais la forêt disparaît. Par l'avidité de l'homme et sa folle imprévoyance, la montagne est déboisée. Alors, plus d'amas de feuilles mortes, plus de gazons entrelaçant leurs touffes de racines, plus de tapis de mousses aptes à se gorger d'eau. La terre végétale est à nu, à peine défendue par quelques maigres broussailles. L'effet des pluies d'orage est maintenant facile à prévoir. Les eaux, non retenues par un sol spongieux, vont ruisseler en filets sur les pentes et balayer la terre ; ces filets, par leur réunion, vont devenir pleines rigoles ; et celles-ci torrent, qui ravinera les flancs de la montagne, en emportera au loin la terre végétale, et laissera le roc à nu.

Après les pluies qui, mises en réserve, emmagasinées pour ainsi dire par le sol boisé, auraient entretenu le débit des sources, il suffira d'un peu de vent et de soleil pour dissiper jusqu'à la dernière trace d'humidité. Les ruisseaux s'amoindriront, tariront même ; et les cours d'eau permanents, cause première de fécondité, feront place à des cours d'eau momentanés, à des torrents dévastateurs, qui dépenseront en quelques jours, en flots furieux, la masse des eaux d'où serait provenue la fraîcheur de toute l'année. Ainsi le déboisement des montagnes a pour effets inévitables l'aridité des pentes dépouillées de leurs forêts, le ravinement du sol, la disparition des sources remplacées par des torrents, enfin la ruine de la contrée avoisinante. La destruction d'une forêt est la destruction du territoire lui-même.

6. Neiges perpétuelles. — La température de l'atmosphère diminue rapidement à mesure que la hauteur s'accroît ; c'est ce que constatent toutes les ascensions aérostatiques et toutes les excursions sur les montagnes élevées. En moyenne, le thermomètre baisse d'un degré pour une élévation de 180 à 200 mètres en plus. Par conséquent, à une hauteur suffisante, la température doit être souvent au-dessous du point de congélation de l'eau. Dans ces froides régions, les vapeurs atmosphériques ne se résolvent plus en pluie, mais bien en neige, et cela en été comme en hiver.

Il y a ainsi, d'un bout de la terre à l'autre, dans la zone torride, comme dans les zones tempérées et les zones glaciales, une hauteur au-dessus de laquelle la chaleur est insuffisante pour amener la fusion complète des neiges de l'année. A partir de cette hauteur, la pluie est inconnue, même au cours de l'été ; la neige et le grésil la remplacent. La terre, le roc, ne s'y montrent jamais à découvert ; un perpétuel manteau de frimas les recouvre.

La limite à laquelle commencent à se montrer les *neiges*

perpétuelles doit être évidemment d'autant plus élevée que la contrée considérée possède un climat plus chaud; et, par suite, d'une manière générale, elle doit s'abaisser progressivement de l'équateur vers l'un et l'autre pôle. Sous l'équateur, les neiges perpétuelles commencent vers 4800 mètres; dans les Alpes et les Pyrénées, vers 2700; au Spitzberg, à 0, c'est-à-dire au niveau même de la mer.

7. Glaciers. —Les hautes vallées, environnées de pentes toujours neigeuses, sont occupées par des amoncellements de neige qui, durcis, agglutinés par la pression de leurs assises énormes et finalement convertis en glace, constituent ce qu'on appelle un *glacier*. Chaque vallée voisine des neiges perpétuelles possède le sien. Dans les Alpes seules, on en compte plus d'un millier. Leur longueur est parfois de quatre à cinq lieues, et leur largeur d'une lieue et plus. L'épaisseur de ces entassements de glace est communément de 30 à 40 mètres; mais en quelques points, elle atteint de 200 à 400 mètres.

Rien de plus varié que l'aspect d'un glacier. Ici, on dirait la mer subitement immobilisée par le froid au milieu d'une tempête; là, toute inégalité disparaît, et la surface n'est plus qu'un plan incliné, sablé de grains opaques, ou un immense miroir resplendissant. Çà et là, dans le sens transversal, s'ouvrent des crevasses, dont quelques-unes découpent le glacier dans toute son épaisseur. Entre leurs parois verticales, glisse une lumière verte ou bleue, qui va s'éteignant plus bas dans une obscurité absolue. Du fond de ces gerçures monte une sourde rumeur d'eau courante : un torrent, en effet, circule sous le glacier.

Les glaciers se meuvent. Ce sont des fleuves solidifiés; et, comme les fleuves liquides qu'ils engendrent, ils coulent, mais avec une extrême lenteur. Ils s'avancent dans la vallée de quelques centimètres par jour; ils descendent tout d'une pièce, traînant, à travers les obstacles, le faix de leurs énormes couches. Leur progression annuelle est fort variable et dépend de l'inclinaison du terrain; pour quelques-uns, on l'a évaluée à une vingtaine de mètres.

Quoi qu'il en soit, arrivé en un certain point de la vallée

où la température est assez élevée pour le fondre, un glacier se termine brusquement par un talus, excavé à la base en forme de caverne d'où s'échappe un torrent. Là, le glacier se détruit sans cesse aux rayons du soleil, tandis que de nouvelles neiges, ruisselées des pentes voisines, fournies par les averses ou amoncelées par le vent, s'accumulent dans le haut de la vallée, se convertissent en glace et s'avancent pour entretenir le fleuve congelé. Le torrent qui résulte de la continuelle fusion d'un glacier est l'origine d'un fleuve ou d'un affluent de fleuve. C'est ainsi que le Rhône a sa source au glacier du mont Furca, dans les Alpes.

8. Torrents. — Ravinements. — On désigne sous le nom de *torrents* les cours d'eau temporaires, grossis soudainement par les pluies d'orage ou la fonte des neiges, puis réduits à un maigre filet d'eau ou même complètement taris et laissant à sec, dans les plaines, de vastes lits de cailloux roulés ; dans les montagnes, de profondes gorges, encombrées de blocs de toute forme et de tout volume. Ces cours d'eau, pour la plupart, répandent la dévastation sur leur passage.

Au moment des crues, la masse énorme de leurs eaux, précipitées sur des pentes rapides à travers des défilés tortueux, heurte avec une puissance irrésistible tout ce qui lui fait obstacle, ébranle les assises du roc le plus dur, en arrache des quartiers, les enlève et en roule au loin les débris avec un sourd tonnerre de pierres entre-choquées. Là où le torrent déborde, les cultures sont ravagées, la terre végétale balayée, le roc vif mis à nu, labouré même, et le sol, d'abord pente unie, est sillonné de ravins. La crue finie, aux eaux mugissantes, jaunies de limon, succède un paisible et clair ruisselet ; mais, au pied de la montagne, de grandes étendues sont ensevelies sous une accumulation de débris.

Tantôt arrachant eux-mêmes par fragments la roche qui leur sert de lit, tantôt chassant devant eux les mille débris écroulés des pentes voisines par l'action des intempéries, les torrents, d'une année à l'autre, ravinent plus profondément leurs vallées et transportent dans les plaines, sous forme de galets, de sables, de limons, les ruines des montagnes. De là résulte une destruction lente, mais continuelle, des massifs montagneux; de là proviennent ces étendues ravinées, où le roc nu, découpé en dentelures, remplace les croupes arrondies et gazonnées d'autrefois.

9. Dépôts de sable et de vase. — La terre ferme est parcourue en tous sens par d'innombrables cours d'eau. Tous, depuis le moindre ruisseau jusqu'au plus grand fleuve, arrachent des débris au sol et les charrient plus loin, jusqu'à la mer. Dans le cours d'une année, le Gange jette à la mer une masse de limon pesant 356 millions de tonnes. Beaucoup de collines que nous jugeons considérables n'ont pas cette masse. Le Hoang-Ho, en Chine, jette en vingt-huit jours, à son embouchure, assez de matériaux pour créer une île d'un kilomètre carré de superficie. Un autre fleuve de la Chine, le Yang-tsé-Kiang, charrie à la mer trois fois plus de matériaux que le Gange. Pour balancer cette puissance de transport, il faudrait qu'une flotte de deux mille navires, chargés chacun de 1400 tonnes de limon, descendît chaque jour le fleuve et chaque jour jetât son fardeau à la mer.

10. Alluvions. — Atterrissements. — Deltas. — Pendant les grandes crues, les fleuves débordés laissent à droite et à gauche de leur lit normal des amas limoneux ou sablonneux nommés *alluvions;* mais c'est surtout dans la partie inférieure du cours et à l'embouchure que les dépôts deviennent abondants, lorsque le courant des eaux et l'action des vagues ne parviennent pas à les déblayer.

Ainsi se forment, à l'embouchure surtout des fleuves non balayés par la marée, les barres ou bourrelets de sable, qui se recourbent en croissant à quelque distance des côtes et obstruent le passage; ainsi apparaissent, aux dépens de l'étendue marine, de nouvelles terres, d'abord multitude d'ilots de vase, puis *atterrissements* continus.

Entravé par ses propres dépôts, un fleuve, avant de rejoindre la mer, se divise en un nombre plus ou moins grand de ramifications divergentes. Les atterrissements formés entre ces ramifications et le littoral ont à peu près la forme d'un triangle ; aussi leur donne-t-on le nom de *deltas* à cause de leur ressemblance avec la lettre de l'alphabet grec Δ (delta), qui correspond à notre D. Tels sont les deltas du Rhône, du Pô, du Nil, du Gange, du Mississipi.

11. Infiltration des eaux dans les sols perméables. — Les diverses couches dont le sol se compose ne se laissent pas toutes également pénétrer par l'eau, ou, comme on dit, ne sont pas également perméables. Les unes, spécialement les couches argileuses, s'opposent à l'infil-

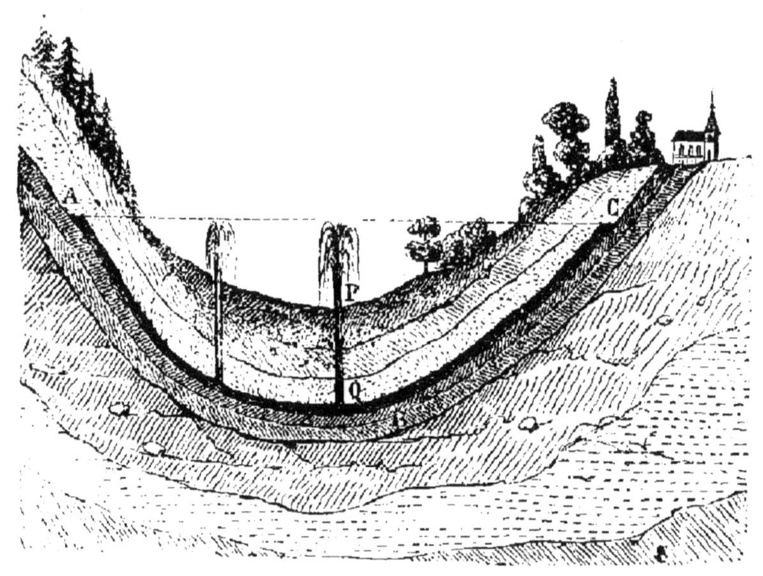

Fig. 13.

tration de l'eau ; les autres, en particulier les couches sablonneuses, s'imbibent avec une grande facilité.

Supposons, dans l'épaisseur du sol, diverses assises, dont deux argileuses, comprenant entre elles une couche de sable AQC (fig. 13). Ces assises peuvent, à cause des dislocations, des plissements de toute nature que l'écorce terrestre a subis, se trouver en un lieu à une certaine profondeur, en un autre se relever et remonter à la surface. Imaginons donc que la couche de sable, profondément située par rapport au sol de la petite vallée que la figure représente, se redresse sur les flancs et vienne se mettre à découvert sur les plateaux voisins.

Là, cette couche, d'une étendue que nous supposerons considérable, se pénètre à chaque orage des eaux pluviales, qu'elle reçoit directement du ciel ou que lui envoie le ruissellement sur les pentes voisines. A cause de sa perméabilité, elle s'imbibe donc dans toute sa masse, si les pluies se prolongent.

Ce n'est pas tout encore : cette couche peut se trouver comprise dans le lit d'un fleuve, d'un lac, d'un étang; elle peut faire partie d'une montagne neigeuse, d'une dépression où s'amassent les eaux des pluies, d'une colline où les brouillards de la nuit déposent leur humidité. Dans tous les cas, par suite de son état perméable, elle se gorge d'eau, qui gagne l'intérieur du sol et s'amasse entre les deux lits imperméables d'argile.

12. Sources. — Puits. — Il se forme de la sorte une nappe d'eau souterraine, plus ou moins abondante, plus ou moins étendue. Si quelque part la couche de sable reparaît à découvert, par exemple sur les flancs d'une vallée, d'un simple ravin qui entaille profondément le sol; ou bien, si quelque fissure naturelle, quelque crevasse, le met en rapport avec l'intérieur, en ces points, une source surgit, alimentée par la nappe souterraine.

Mais il peut se faire que la couche imbibée ne reparaisse pas au dehors; et, dans ce cas, les eaux souterraines restent ignorées. A notre insu, elles sont là, sous nos pieds, quelquefois couvertes par un terrain des plus arides. Pour les ramener à la surface et pouvoir les utiliser, il faudrait leur ouvrir une issue. Supposons donc qu'au point P (fig. 13) on perce le sol. Dès que la couche imperméable supérieure qui l'emprisonne sera percée, l'eau montera dans le passage qui lui est ouvert, et gagnera le niveau de l'amas souterrain. Elle jaillira même au dehors, si l'orifice du puits est moins élevé que le niveau du réservoir; dans le cas contraire, elle s'arrêtera à la hauteur de ce niveau.

Pour atteindre les couches imbibées par les cours d'eau

du voisinage, il suffit le plus souvent de creuser à une médiocre profondeur. On pratique alors des puits ordinaires, qui s'emplissent jusqu'au niveau du fleuve, de la rivière, du lac, dont les infiltrations les alimentent. Si le niveau des eaux s'élève ou s'abaisse dans le fleuve, le niveau des eaux s'élève ou s'abaisse en même proportion dans les puits tributaires.

13. **Puits artésiens.** — Mais, si la nappe d'eau souterraine est profondément située, on a recours au forage de *puits artésiens*, ainsi nommés parce qu'ils sont depuis longtemps connus et pratiqués dans l'Artois. A l'aide d'une puissante tarière, que manœuvrent des barres de fer ajoutées bout à bout à mesure qu'il en est besoin, on creuse un trou cylindrique de un à deux décimètres de largeur, à travers les diverses assises du terrain, graviers, marnes, argiles, calcaires, jusqu'à ce qu'on atteigne la nappe aquifère, située parfois à plusieurs centaines de mètres de profondeur.

Si l'on rencontre une roche trop dure, on commence par la triturer avec une espèce de trépan; cela fait, avec une cuiller appropriée à cet usage, on extrait du fond de la cavité la boue et les menus débris. Pour préserver les parois du puits de l'éboulement et empêcher l'eau ascendante de se répandre dans les couches traversées, on garnit le trou de sonde d'un tube de métal. Par ce tube, l'eau souterraine remonte à la surface, ou même jaillit, mais à la condition expresse que l'orifice des puits soit plus bas que le niveau du point où cette eau prend origine.

CHAPITRE V

LA TERRE FERME

1. Continents. — La terre ferme et les eaux de la mer se partagent inégalement la surface du globe ; les mers occupent les trois quarts environ de cette surface ; et les terres, un quart. Celles-ci se divisent en trois continents, c'est-à-dire en trois grandes étendues séparées les unes des autres par des mers. Ce sont : l'*ancien continent*, ainsi nommé parce qu'il a été connu de toute antiquité ; le *nouveau continent*, dont la découverte par Christophe Colomb, ne remonte qu'au XVe siècle ; enfin le *continent austral*, plus récemment connu encore que le nouveau continent.

L'ancien continent comprend l'Europe, l'Asie et l'Afrique ; le nouveau continent est formé de l'Amérique, qui se divise en Amérique du Nord et Amérique du Sud ; le continent austral est représenté par l'Australie ou Nouvelle-Hollande.

L'Europe, l'Asie, l'Afrique, l'Amérique et l'Australie forment ce qu'on appelle les cinq parties du monde. L'Europe et l'Australie, qui lui est presque égale, sont, en étendue, les moindres de ces cinq parties. L'Asie est quatre fois environ plus grande que l'Europe ; l'Afrique trois fois ; et l'ensemble des deux Amériques, quatre fois.

2. Altitude moyenne des continents. — La surface courbe et régulière des mers autour de la terre constitue ce qu'on appelle le *niveau des mers*. Ce niveau est invariable et partout le même, abstraction faite du renflement équatorial et des dépressions polaires ayant pour cause la force centrifuge. On connaît des milliers de localités où, depuis les temps historiques les plus reculés, le niveau des mers n'a pas subi le moindre changement. Tel écueil, tel rocher, effleurés par le flot aux époques les plus anciennes où les archives de la géographie puissent remonter, sont effleurés au même niveau par le flot d'aujourd'hui.

Les continents dépassent ce niveau général, à partir duquel se mesurent les altitudes; mais leur surface est couverte d'innombrables irrégularités où le plus complet désordre semble seul avoir présidé. Pour nous faire une idée du relief continental au-dessus des mers, supposons que toutes les montagnes de l'Europe soient rasées, et que les matériaux en soient employés à combler les plaines basses et les vallées, de manière que la surface de cette partie du monde se trouve nivelée et convertie en un plateau uni. Quand ce nivellement général sera effectué, la hauteur de l'Europe au-dessus des eaux de la mer sera seulement de 205 mètres. C'est ce qu'on appelle l'*altitude moyenne* de l'Europe.

On trouve de même que l'altitude moyenne de l'Asie est de 350 mètres; et celle des deux Amériques de 285. Quant à celle de l'Afrique et de l'Australie, elle n'est pas encore déterminée, parce que l'intérieur de ces deux parties du monde n'est pas suffisamment connu. En l'état de nos connaissances, le relief moyen des continents au-dessus des eaux est donc de 300 mètres environ. Les difficultés du problème ne permettent pas d'accorder à ces chiffres une confiance absolue; ce sont des approximations, suffisantes néanmoins pour l'objet que nous avons en vue. Pour représenter ce relief moyen sur un globe géographique d'un mètre de rayon, il faudrait une épaisseur moindre que celle d'une simple feuille de papier.

3. **Montagnes.** — Une *montagne* ou un *mont* est une élévation plus ou moins considérable du sol. Si l'élévation est peu importante, elle s'appelle *colline, coteau*. Dans une montagne, on distingue la base, les versants et la cime. La *base* ou *pied* est la partie inférieure, reposant sur la plaine. Les *versants, flancs* ou *pentes*, sont les faces inclinées de la montagne, souvent au nombre de deux,

comme les pentes d'un toit. La *cime* ou *faîte* est la partie supérieure, le sommet.

Suivant sa forme, la cime prend différents noms. Elle se nomme *dôme*, *ballon*, quand elle est arrondie; *pic*, si elle se dresse en pyramide; *aiguille*, quand elle est formée d'une longue et verticale pointe de rochers; *puy*, quand elle est creusée d'une vaste excavation, qui est le cratère d'un ancien volcan éteint.

Les montagnes sont généralement disposées à la suite les unes des autres en une série plus ou moins longue que l'on nomme *chaîne*. La plus longue chaîne est celle de la Cordillère des Andes, qui s'étend d'une extrémité à l'autre de l'Amérique du Sud, sur une longueur de 4000 kilomètres. La chaîne possédant les sommets les plus élevés est celle de l'Himalaya, en Asie. Elle renferme plus de 200 sommets dépassant 7000 mètres d'altitude. L'un d'eux, le mont Everest ou Gaurisankar, cime la plus élevée du monde, mesure 8840 mètres. La plus haute montagne de l'Europe est le mont Blanc, sur les limites de notre département de la Haute-Savoie. Son altitude est de 4810 mètres.

4. Origine des montagnes. — Pour l'interprétation logique des faits observés, la science admet que la terre fut, à l'origine des choses, un globe de matières en fusion. Nous avons déjà vu comment l'aplatissement polaire et le renflement équatorial prouvent que la sphère terrestre possédait, au début, assez de flexibilité pour obéir à l'action de la force centrifuge et se déformer; nous avons reconnu que la forme ronde de la terre et l'accroissement en densité des matériaux qui la composent à mesure que la profondeur augmente, sont des arguments très affirmatifs en faveur d'une originale fluidité; à ces preuves d'ailleurs, nous aurons bientôt occasion d'en adjoindre d'autres.

Sur ce globe à l'état de fusion, une écorce solide se forma par l'effet du refroidissement, qui se propage, avec une extrême lenteur, de la surface vers le centre. Cette couche solide n'a cessé de s'accroître, et s'accroîtra toujours jusque dans un avenir dont nous ne pouvons encore soupçonner les limites. Son épaisseur est évaluée par à peu près maintenant à une douzaine de lieues, tandis que tout le reste est encore à l'état de fusion. Sur une sphère d'un mètre de rayon, cette écorce solide de la terre serait représentée par une épaisseur de 7 millimètres.

Or la physique constate que les corps, en se refroidissant, diminuent de volume ou se contractent; elle constate aussi que la *contraction* amenée par la perte de chaleur est plus considérable pour les corps liquides que pour les corps solides. La masse fluide centrale du globe, en déperdant peu à peu sa chaleur dans l'espace, se contracte donc plus que ne le fait son écorce solide; et si petite que soit la différence entre les progrès des deux contractions, à un certain moment l'enveloppe est trop grande pour la matière enveloppée.

Pour suivre dans son retrait la sphère en fusion qui lui donne appui, alors de deux choses l'une : ou bien l'écorce terrestre, assez flexible, s'affaisse jusqu'au niveau actuel du noyau fluide, et, à cause de son excès d'étendue, se plisse, se ride en larges ondulations; ou bien, si la flexibilité lui manque, elle se déchire sous son propre poids non équilibré, elle se disloque en fragments, qui regagnent l'appui fluide. Trop étendus pour la nouvelle surface occupée, ces fragments s'ajustent mal, empiètent un peu l'un sur l'autre, dressent ici leurs arêtes de rupture au-dessus du niveau moyen, les plongent autre part au-dessous de ce même niveau, et produisent par les irrégularités, légères d'ailleurs, de leurs rapports respectifs, tous les accidents possibles de la surface du globe : chaînes de montagnes, groupes de collines, plateaux élevés, vallées, dépressions occupées par les mers.

Pour venir en aide à l'esprit en ce sujet délicat, permettons-nous une comparaison familière. — Récemment cueillie, une pomme est toute lisse, tout unie à la surface; sa peau, exactement appliquée sur la chair gonflée de suc, ne présente aucun pli. Plus tard, les liquides dont la chair est imprégnée s'évaporent en partie; et la pomme, en perdant de sa substance, diminue de volume. La peau, de son côté, n'éprouve pas de contraction concordante avec celle de la chair, parce que la matière aride dont elle se compose ne cède à peu près rien à l'évaporation. Si la pellicule épidermique conserve son étendue superficielle, tandis que la chair du fruit se contracte, il est visible qu'à un certain moment l'enveloppe sera trop grande pour la chose enveloppée, et que, pour suivre dans son retrait la chair à laquelle elle adhère, la peau doit se flétrir, se plisser, se rider.

Ainsi de tout temps a fait l'écorce solide de la terre : elle s'est ridée comme la peau d'une pomme qui vieillit. Mais si les résultats sont comparables, les causes sont différentes. La pomme se ride parce qu'elle perd de sa substance par l'évaporation des sucs de la chair; la terre s'est ridée parce qu'elle a diminué de volume en se refroidissant, sans rien perdre de ses matériaux.

En reportant l'esprit aux masses colossales des principales chaînes de montagnes, on hésite d'abord à n'y voir que de légères rides, de faibles irrégularités produites par la contraction de l'écorce terrestre; mais en les comparant à la masse du globe, tout le prestige s'évanouit, car la moindre ride sur l'épiderme d'une pomme est plus considérable par rapport à ce fruit que ne le sont les plus hautes chaînes de montagnes relativement à la terre.

5. Caractères des montagnes d'après leur âge. — Du degré d'épaisseur et de solidité que présente l'écorce terrestre, dépendent la fréquence et la valeur des dislocations du sol. Mince et flexible, l'écorce terrestre doit se rider en plis onduleux de médiocre hauteur; plus épaisse et plus rigide, elle doit résister plus longtemps aux déformations; mais aussi, quand arrive le défaut d'équilibre, elle doit se fragmenter violemment et dresser, suivant les lignes de rupture, les tranches escarpées de ses couches brisées. D'autre part, les intempéries, les pluies, les cours d'eau, usent constamment les parties saillantes, en arrachent des débris et les transportent dans les vallées. Pour ces motifs, les rugosités de la terre doivent être d'autant plus accentuées qu'elles sont de formation plus récente. Et, en effet, la géologie constate, d'après des caractères dont le développement trouvera place ailleurs, qu'aux premiers âges de notre globe correspondent les croupes arrondies de quelques collines de peu d'élévation, tandis qu'aux âges plus rapprochés de nous se sont dressées les chaînes énormes et si accidentées des Andes et de l'Himalaya. Comme les médailles antiques, une montagne est d'autant plus effacée qu'elle est plus vieille.

6. **Plateaux.** — Les plaines ou sols plats se classent en deux catégories : les *plaines hautes* ou *plateaux*, et les *plaines basses* ou *ordinaires*. Les plateaux sont des soulèvements qui embrassent une grande étendue. Leur altitude moyenne est fort variable. Celui de l'Auvergne, en France, a 331 mètres d'élévation; celui de la Castille, en Espagne, en a 682. L'Amérique et l'Asie possèdent les plateaux les plus élevés. Celui du Mexique a 2281 mètres d'altitude; celui de Quito, 2905; celui du Thibet, 3510; enfin celui du Pérou, le plus élevé de tous, 3919.

Les plateaux sont, pour les régions intertropicales, des îles élevées dans l'atmosphère, qui transportent le climat tempéré dans la zone torride. Un plateau constitue alors un monde à part, qui, par sa salubrité, les mœurs et la civilisation des habitants, diffère, à son grand avantage, des plaines basses voisines, où l'homme est énervé par la chaleur, où l'air est trop souvent empoisonné par les émanations des eaux stagnantes. C'est sur les trois plateaux du Mexique, de Quito et du Pérou, qu'à leur arrivée dans les deux Amériques, les Européens trouvèrent chez les indigènes la civilisation la plus avancée.

7. **Plaines ordinaires.** — Les plaines ordinaires sont beaucoup plus étendues que les plateaux; à elles seules, elles constituent près de la moitié de la terre ferme. Quelques-unes résultent en grande partie des limons déposés par les grands cours d'eau qui les arrosent, et sont d'une grande fertilité. Telles sont les plaines traversées par le Rhône, la Loire, la Seine. D'autres sont uniquement formées de cailloux roulés ou de sables. La plus remarquable des

plaines cailloutcuses de la France est celle de *la Crau*,
dans le département des Bouches-du-Rhône.

De la Gironde aux Pyrénées s'étendent les *Landes*, qui
ont donné leur nom au département correspondant. C'est
un terrain plat, sablonneux, couvert d'une monotone végétation de bruyères et de gazons coriaces. En beaucoup
d'autres points, tant de la France que de l'Europe centrale
et septentrionale, on trouve des plaines incultes pareilles, des *landes* uniquement couvertes de bruyères, à
petites fleurs roses. Celles de Lunebourg, en Westphalie,
couvrent une étendue de 25000 kilomètres carrés. Ses
grandes plaines couvertes de pâturages portent le nom de
steppes en Europe et en Asie, et les noms de *llanos, sa-
vanes, pampas*, dans l'Amérique du Sud. Les plus vastes
sont les steppes de la Caspienne, de la Russie, de la Sibérie,
et les pampas de l'Amérique méridionale.

8. Vallées. — La partie profonde qui sépare deux montagnes voisines se nomme *vallée;* si elle est de moindre
importance et sépare deux collines, elle s'appelle *vallon*.

On donne le nom de vallées d'*érosion* aux vallées produites par les eaux courantes, qui ont raviné le sol et entraîné les débris au loin. Ce sont les moins profondes et les
moins importantes. La plupart de nos grandes rivières ont
creusé leur lit au milieu de cailloux roulés d'origine très ancienne et fort différents des cailloux roulés que ces rivières
déposent aujourd'hui. Tel est le cas de la Seine, à Paris.
D'immenses cours d'eau qui n'existent plus, que l'homme
n'a jamais vus, ont préparé la voie à l'écoulement de beaucoup de fleuves modernes, qui se sont ouvert un sillon
dans leur antique lit.

Quant aux autres vallées, on les nomme, suivant leur
mode de formation, *vallées de déchirement* et *vallées de
plissement*. Les premières résultent de fractures survenues
dans l'écorce terrestre ; elles ont des escarpements très rapides, et parfois les parties saillantes de l'un des deux escarpements correspondent si bien aux parties rentrantes
de l'autre, que, si la force qui a produit la déchirure venait
à opérer en sens inverse et à rapprocher les parois op-

4.

posées, ces parois s'ajusteraient au point de faire disparaître la rupture. Les secondes sont des creux séparant deux plis voisins des terrains.

Prenons une plaque d'argile molle. Si nous la fendillons par des tiraillements, chaque crevasse figurera une vallée de déchirement; si nous la comprimons doucement par les bords opposés, de manière à la plisser, chaque rigole, chaque sillon produit représentera une vallée de plissement; enfin, si nous faisons ruisseler un filet d'eau à la surface, la gouttière que l'eau finira par creuser sera une vallée d'érosion. C'est par un mécanisme analogue que se sont creusées les vallées.

CHAPITRE VI

SOURCES THERMALES. — GEYSERS. — VOLCANS
TREMBLEMENTS DE TERRE

1. Température des caves et des puits. — Les variations de température dues à l'inégale distribution de la chaleur solaire, suivant l'état de l'atmosphère et suivant la saison, ne se font ressentir qu'à la surface du sol. A une médiocre profondeur, le thermomètre accuse une même température en hiver comme en été. Une cave un peu profonde, un puits suffisent pour démontrer ce fait remarquable. Le thermomètre qui, depuis plus d'un siècle, est placé dans les caves de l'Observatoire de Paris, s'est toujours maintenu stationnaire à 10°,8.

On évalue à une vingtaine de mètres la profondeur où la périodicité des saisons ne se fait plus sentir, où la chaleur de l'été et les froids de l'hiver ne produisent plus d'effet. Quant à la température constante trouvée à cette profondeur, elle est égale à la température moyenne de la localité.

2. Température des mines et des puits artésiens. — En descendant plus profondément dans le sein de la terre, on reconnaît qu'à partir de la couche à température moyenne, la chaleur augmente avec assez de rapidité. La loi est générale ; elle se vérifie à toutes les latitudes et sous tous les climats. Ce qui varie, c'est l'épaisseur de la couche à traverser pour trouver un degré thermométrique en plus. La nature du sol, différente suivant les lieux, est cause de ces variations.

Un thermomètre placé à 421 mètres de profondeur dans une mine des Cornouailles et fréquemment observé pendant dix-huit mois consécutifs, s'est maintenu stationnaire à $24°,2$, la température des couches supérieures étant de $10°$. Si l'on retranche cette dernière température de la première, et que l'on compare le reste à la profondeur, on trouve l'accroissement d'un degré thermométrique pour 30 mètres de profondeur en plus.

Un puits artésien est, avons-nous dit, un trou cylindrique pratiqué à travers les diverses couches du sol jusqu'à la rencontre de quelque nappe d'eau souterraine, alimentée par les infiltrations des eaux pluviales, ou bien des eaux des fleuves et des lacs voisins. Pour reprendre le niveau de son point de départ, le liquide, plus ou moins profondément descendu, s'élève par la voie qui lui est ouverte, et jaillit même à une certaine hauteur lorsque le niveau de sortie est plus bas que le niveau d'entrée dans les couches du sol. Or, l'eau qui remonte des couches profondes, à la suite d'un pareil forage, arrive à la surface avec la température des régions souterraines qu'elle quitte, et peut ainsi nous renseigner sur la distribution de la chaleur dans les entrailles de la terre.

Le puits artésien de Grenelle, à Paris, descend à 547 mètres de profondeur, et l'eau qui en jaillit a constamment $18°$. L'eau des puits ordinaires n'a que $10°$, température moyenne de la localité. C'est donc un accroissement de $18°$ pour 547 mètres, ou de $1°$ pour 30 mètres.

De ces exemples, qu'on pourrait indéfiniment multiplier, tant pour les mines que pour les puits artésiens, résulte un fait capital : le sein de la terre possède une chaleur propre qui croît avec la profondeur; et, quelques anomalies dues à des influences locales mises à part, pour une trentaine de mètres que la sonde traverse, le thermomètre accuse un degré de plus. Cette chaleur, d'où pourrait-elle provenir, si ce n'est de la fluidité ignée du globe, fluidité que d'autres considérations affirment hautement? La température augmente avec la profondeur, parce qu'on se rapproche du foyer, c'est-à-dire de la masse centrale encore fluide.

3. Sources thermales. — En admettant, comme l'ensemble des observations autorise à le faire, que la température souterraine augmente avec la profondeur à raison de 1° pour une trentaine de mètres, on arrive à cette conclusion qu'à trois kilomètres au-dessous du sol, la chaleur doit atteindre 100°, température de l'eau bouillante. Or, rien ne s'oppose à ce que des eaux remontent de cette profondeur et même de profondeurs plus grandes.

Nous trouvons là l'explication des sources chaudes ou *sources thermales*. Concevons une nappe d'eau qui circule sous terre, à une certaine profondeur, puis revienne à la surface à travers les fissures du terrain. Elle prendra la température des couches sillonnées. Les sources qui en proviendront n'auront pas précisément cette température, car il y a évidemment perte de chaleur sur le trajet; toutefois elles seront chaudes, et d'autant plus qu'elles arriveront de plus loin.

Les sources thermales sont abondamment répandues sur toute la surface de la terre, et principalement dans les régions volcaniques. Les plus célèbres en France sont celles de Chaudes-Aigues, dans le Cantal. Leur température est d'environ 80°. Le village a pris le nom de son ruisseau d'eau chaude, que les habitants utilisent pour préparer leurs aliments, nettoyer leur linge et chauffer leurs demeures. Des conduites de bois, plus favorables que des tuyaux en terre à la conservation de la chaleur, sont disposées dans le sol le long de toutes les rues et vont, d'une habitation à l'autre, distribuer l'eau chaude dans de petits réservoirs servant de calorifères pendant la saison rigoureuse. Les rues même ont part au gain de température : sur le sol attiédi par les canaux de distribution, la neige fond à mesure qu'elle tombe, sans pouvoir s'amasser en couche malgré de fréquentes averses. On estime que la chaleur journellement fournie par les sources de Chaudes-Aigues représente ce que donnerait la combustion de 4500 kilogrammes de houille. Quand revient la belle saison, l'eau est détournée des conduits de distribution et rendue à son ruisseau fumant.

4. Geysers. — La plus grande fréquence des sources thermales s'observe dans les régions volcaniques; il n'est pas de volcan, soit en activité, soit éteint depuis de longs siècles, qui ne possède sur ses flancs des sources chaudes, tantôt continues, tantôt jaillissant par intermittences. Au nombre de ces dernières sont les célèbres sources d'Islande, nommées dans le pays *geysers*, qui veut dire furieux. Non loin de l'Hécla, on en compte une centaine dans une étendue de deux tiers de lieue de rayon.

La plus puissante, ou le *Grand-Geyser*, jaillit d'un bassin d'une vingtaine de mètres de diamètre situé au sommet d'un monticule qu'ont formé les incrustations de silice, blanches et polies comme marbre, continuellement déposées par les eaux. L'intérieur de ce bassin se rétrécit en entonnoir et se termine par des canaux tortueux, plongeant à des profondeurs inconnues.

Chaque éruption de ce volcan d'eau bouillante s'annonce par un frémissement du sol, et par des bruits sourds pareils aux détonations lointaines de quelque artillerie souterraine. Les détonations deviennent de moment en moment plus fortes, la terre tremble, et, du fond du cratère, l'eau monte en tumulte et remplit le bassin, où pendant quelques instants tout se passe comme dans une chaudière chauffée par quelque brasier invisible. A la surface, l'eau atteint 80 et 90°; mais la température croît rapidement dans les couches inférieures, et, à la profondeur de 32 mètres, elle est déjà de 125°.

Au milieu d'un tourbillon de vapeurs, l'eau de la vasque se soulève en masses écumeuses, puis une forte explosion

Fig. 14. — Geysers.

éclate, et une colonne d'eau, large de 6 mètres, rugit et s'élance avec la rapidité d'une flèche jusqu'à la hauteur de 40 et de 60 mètres, d'où elle retombe en averse brûlante, après s'être épanouie en une gerbe que couronnent de blanches fumées. Ce jaillissement formidable ne dure que quelques instants. Bientôt la gerbe liquide s'affaisse; l'eau se retire du bassin et recule dans les profondeurs de l'entonnoir; une colonne de vapeur la remplace, furieuse, rugissante, qui s'élance avec le bruit du tonnerre et rejette les pierres tombées dans le gouffre, ou les broie en menus fragments. Tout le voisinage disparaît, noyé dans ses tourbillons. Enfin, le calme renaît et le regard qui plonge dans l'entonnoir n'aperçoit qu'une eau tranquille et bleue, dont le repos et le silence font le plus étrange contraste avec ce qui vient de se passer. C'est de loin en loin, à une trentaine d'heures d'intervalle à peu près, que se fait le fort jaillissement, précédé de quelques éruptions de bien moindre valeur.

Les geysers ne sont pas particuliers à l'Islande; on trouve de nombreuses sources jaillissantes d'eau chaude à la Nouvelle-Zélande, vers le centre de l'île septentrionale, et dans l'Amérique du Nord, vers les sources du Missouri.

5. Volcans. — Un *volcan* est une montagne qui, à certains moments, lance des colonnes de fumée, des jets de vapeurs ardentes, des nuages de poussière calcinée, des blocs de roches incandescentes, et d'où s'épanche enfin un courant de matières fondues appelées *laves*. Le volcan est creusé au sommet d'une grande excavation en forme d'entonnoir plus ou moins régulier et nommée *cratère*. Le fond du cratère communique avec l'intérieur de la terre par des canaux tortueux ou *cheminées*, dont la profondeur ne peut être déterminée.

La hauteur d'un volcan est fort variable. Quelques-uns ne s'élèvent que de quelques centaines de mètres au-dessus du niveau de la mer; d'autres atteignent la hauteur d'une lieue ou même la dépassent. L'étendue du cratère est très variable aussi. Lors de l'éruption de 1822, le cratère du Vésuve avait environ une lieue de tour et 300 mètres de profondeur. Dans l'archipel des îles Sandwich, sur la grande montagne de Mauna-Loa, se trouve le Kilanea, le plus vaste cratère du monde. Il n'a pas moins de 11 kilomètres de circuit. Mais, en général, les dimensions d'une bouche volcanique sont beaucoup moindres.

6. **Éruption volcanique.** — L'état de crise violente qui se déclare de loin en loin, à des périodes irrégulières, et pendant lequel le volcan rejette des fumées et des matières incandescentes, se nomme *éruption*. Comme exemple des faits les plus remarquables qui se passent alors, choisissons de préférence le Vésuve, l'un des volcans les mieux observés.

L'approche d'une éruption est en général annoncée par une colonne de fumée qui remplit l'orifice du cratère et s'élève verticalement, lorsque l'air est calme, jusqu'à trois fois la hauteur de la montagne. A cette élévation, elle s'étale en couche horizontale, interceptant les rayons du soleil. Quelques jours avant l'éruption, la gerbe de fumée s'épaissit et s'affaisse sur le volcan, qu'elle recouvre d'un gros nuage noir; mais alors la terre commence à trembler autour du Vésuve, de sourdes détonations grondent sous le sol, et, de moment en moment plus fortes, dépassent bientôt en intensité les plus violents coups de tonnerre. Puis, une gerbe de feu jaillit du cratère, jusqu'à 2000 et 3000 mètres d'élévation. Des milliers d'étincelles s'élancent jusqu'au sommet de la gerbe flamboyante, décrivent de grands arcs de cercle en laissant sur leur trajet des traînées éblouissantes, et retombent en pluie de feu sur les flancs du volcan. Ces étincelles sont des lambeaux de scories, des fragments de roche incandescents.

Cependant de la base de la montagne, sans doute même de quelques lieues plus bas, monte, par la cheminée volcanique, un flux de matières minérales fondues, une colonne de laves, qui s'épanchent dans le cratère et forment un éblouissant lac de feu. Le spectateur qui, de la plaine, suit avec anxiété la marche de l'éruption, est averti de l'arrivée des laves par les pénétrantes réverbérations qu'elles jettent sur les fumées planant au-dessus du Vésuve. Soudain le sol s'ébranle, se fend, s'étoile avec un bruit de tonnerre, et par les crevasses ouvertes sur les flancs de la montagne, plus rarement par-dessus les bords du cratère, des ruisseaux de laves s'épanchent.

Le courant de feu, formé d'une matière éblouissante et pâteuse, comme un métal en fusion, se nomme *coulée*. L'émission de la lave a, tôt ou tard, un terme; alors les vapeurs souterraines, délivrées de l'énorme pression de la masse fluide, se dégagent avec plus de violence que jamais, entraînant avec elles des tourbillons de *cendres*, c'est-à-dire de fine poussière minérale, qui plane en si-

Fig. 15. — Cratère du Vésuve.

nistres nuées et s'abat sur les pays environnants, ou même est poussée par les vents jusqu'à des centaines de lieues de distance. Enfin, la terrible montagne s'apaise, et tout rentre dans le repos pour un temps indéterminé.

7. Forme des volcans. — Lorsque la même cheminée sert dans toutes les éruptions à l'issue des matières volcaniques solides, cendres et scories, ces matières, en retombant d'une manière égale autour de l'orifice, forment, par leur entassement, un talus circulaire régulier. Alors le volcan a la forme d'un cône tronqué, qu'accroissent en hauteur et en étendue les débris de chaque éruption ; et à la régularité de l'extérieur s'ajoute la régularité de l'intérieur, lui-même façonné en une excavation conique, appelée *cratère*, du nom que les anciens donnaient à leurs coupes. Semblable conformation, avec double talus d'éboulement, apparaîtrait dans toute masse qui, chassée de bas

Fig. 16. — Cratères adventifs sur les flancs de l'Etna.

en haut, d'un point central, serait assez mobile pour s'étaler régulièrement sur les pentes.

Mais fréquemment la cheminée d'ascension change. La première voie, s'obstruant, présente à l'éruption des difficultés trop grandes, et une autre s'ouvre, à l'intérieur même du cratère ou à côté. L'édifice volcanique primitif est ainsi agrandi en dimensions, mais ébréché, bouleversé. À mesure que, dans la suite des temps, de nouvelles bouches s'ouvrent, empiétant l'une sur l'autre et mêlant les débris de celles qui les ont précédées, la régulière coupe du début disparaît, et le cratère devient un gouffre informe.

8. Cratères adventifs. — D'autres fois, la poussée des forces souterraines reste impuissante à soulever la colonne de laves jusqu'à l'orifice du sommet, et fait céder la paroi de résistance moindre. Alors sur les flancs du cône, tantôt plus haut, tantôt plus bas, un déchirement se fait ; et sur cette fissure, autour des soupiraux les plus actifs, des monticules coniques excavés en entonnoir se forment par l'amoncellement des matériaux rejetés. On les nomme *cratères adventifs* ou *cratères latéraux*.

Sur les pentes de l'Etna, pareils cratères sont au nombre de plus de sept cents, les uns de formation plus ou moins récente, les autres apparus en des temps très reculés. C'est par la voie de ces cratères adventifs que se fait l'épanchement des laves, et non par le *cratère terminal*, ouvert à plus de 3000 mètres d'élévation.

9. Éruption de l'Etna en 1865. — Dès le mois de juillet 1863, la crise s'annonçait déjà : des mouvements convulsifs agitaient le volcan ; la réverbération des laves, bouillonnant dans le cratère terminal, rougissait l'atmosphère pendant la nuit. Sous la pression de la colonne fluide soulevée, la paroi rongée, fondue à l'intérieur, finit par céder dans le point le plus faible, et, à la fin de janvier 1865, une crevasse s'ouvrit sur une longueur de deux kilomètres et demi.

Par cette fente, les laves se firent jour, mais pour quelques heures seulement, car les débris eurent bientôt obstrué le passage. Mais alors, sur le prolongement inférieur de la ligne de fracture, six cônes se dressèrent, s'accroissant de tous les débris que leurs cratères vomissaient. Les bouches supérieures rejetaient des cendres, des scories, des débris triturés, enfin les matériaux volcaniques de moindre poids ; les bouches situées plus bas donnaient écoulement aux laves, plus lourdes. Au milieu d'un indescriptible tumulte, rappelant le bruit de scies, de sifflets, de marteaux retombant sur une enclume, au milieu du fracas que dominait par intervalles le tonnerre souterrain des explosions, ces bouches inférieures ne cessaient de rejeter des matières fondues. De leurs cratères s'élevaient des tourbillons de vapeurs, tordus en spirales, rougis par la réverbération des laves, ou bien colorés d'autres nuances par les traînées de débris lamés. Au commencement de l'éruption, ces débris étaient projetés jusqu'à 1800 mètres d'élévation.

La quantité de laves déversée par seconde était de 90 mètres cubes, deux fois à peu près le volume d'eau que roule la Seine. Au voisinage des bouches, la vitesse du courant était de 6 mètres par minute; plus bas, elle n'était que de 2 mètres à un demi-mètre, suivant la configuration du sol. Le courant principal, dont la longueur atteignait jusqu'à 500 mètres avec une épaisseur moyenne de 15, plongeait brusquement dans le fond d'un ravin et formait une merveilleuse cataracte de feu. Plus loin, une forêt se présentait sur le passage des laves; cent trente mille arbres, chênes, pins, châtaigniers, étaient emportés et flambaient à la surface de la coulée.

10. **Tremblements de terre.** — Le sol, tantôt en un point et tantôt en un autre, au fond des mers comme sur les continents, éprouve, de temps en temps, des secousses brusques et de très courte durée que l'on nomme *tremblements de terre*. Ces accidents ont parfois des résultats terribles.

La cause des tremblements de terre est encore fort obscure et paraît être multiple. Il est d'abord incontestable que les forces volcaniques sont en jeu dans un grand nombre de commotions du sol. La terre tremble toujours au voisinage d'un volcan lorsqu'une éruption se prépare. Le choc des laves se heurtant à des parois solides, l'expansion soudaine de vapeurs à force illimitée, doivent produire, sur une immense échelle, les effets de l'explosion d'une mine sous terre. De là un choc de bas en haut, et, autour du centre de commotion, une série d'ondulations qui se propagent dans le sol de la même manière que se propagent les ondes liquides autour du point ébranlé par la chute d'une pierre sur une nappe d'eau. La nature peu flexible du sol donne à ces vagues terrestres peu de relief, mais une grande ampleur; on les sent passer sous ses pieds, on voit parfois les arbres et les édifices les accuser par leur balancement; néanmoins il est bien rare que la vue puisse les constater.

Si l'on ne peut révoquer en doute l'action volcanique dans beaucoup de tremblements de terre, il en est d'autres où ce te action n'intervient certainement pas. Peut-être alors la commotion est due à des effondrements dans les profondeurs de la terre, à des ruptures de roches qui, manquant d'appui par l'effet de la corrosion incessante des eaux souterraines, s'écroulent et se tassent en assises plus stables. Peut-être faut-il invoquer ici la réaction de la masse fluide et centrale du globe contre son enveloppe solidifiée. Quoi qu'il en soit, si les tremblements de terre désastreux sont heureusement assez rares, les oscillations inoffensives sont au contraire très fréquentes; et, à l'aide d'instruments d'une grande sensibilité, on peut constater que la terre est dans un état presque permanent de trépidation.

11. Tremblement de terre des Calabres. —Nous demanderons une idée générale des effets des tremblements de terre à ce qui se passa dans les Calabres vers la fin du dernier siècle. — En février 1783, commencèrent, dans l'Italie méridionale, d'interminables convulsions, qui ne finirent qu'au bout de quatre ans. La première année, on compta neuf cent quarante-neuf secousses; l'année suivante, cent cinquante et une. La commotion s'étendit dans les deux Calabres jusqu'à Naples, et dans une grande partie de la Sicile. Le principal foyer des désastres se trouva tout autour de la ville d'Oppido, dans un rayon de huit lieues.

La surface du pays ondulait sous les pieds; et, sur ce terrain sans équilibre, des nausées vous prenaient, pareilles à celles qu'on éprouve sur le pont d'un navire ballotté par les vents. A chaque ondulation, les nuages, immobiles en réalité, semblaient se déplacer brusquement, ainsi qu'on l'observe en mer sur un vaisseau qui tangue violemment. Les arbres, dans une atmosphère en repos, s'inclinaient au passage de la vague terrestre.

La première secousse, celle du 5 février 1783, renversa en deux minutes la majeure partie des villes, villages ou bourgades compris entre la chaîne des Apennins et la Sicile, et bouleversa toute la surface du pays. En divers endroits, le sol crevassé de fissures, figurait, sur une immense échelle, les fentes rayonnantes d'un carreau de

Fig. 17. — Fissure produite par le tremblement de terre des Calabres.

vitre cassé. Des collines éclataient, se partageant en deux; de grandes étendues de terrain glissaient sur les pentes avec leurs champs cultivés, leurs habitations, leurs vignes, leurs oliviers, et allaient, à des distances considérables, recouvrir d'autres terrains. Dans la petite ville de Polistina, plusieurs centaines de maisons, entraînées ensemble avec le sol qui les portait, couraient s'écrouler dans un ravin à près d'un quart de lieue plus loin. Des collines même étaient arrachées de leur place : on en cite qui, détachées des flancs d'une vallée, furent transportées au milieu de la plaine et interceptèrent le cours d'une rivière.

Ailleurs, l'appui souterrain manquait au sol, qui s'effondrait en larges gouffres ; ailleurs encore s'ouvraient de profonds entonnoirs pleins de sable mouvant, ou se creusaient de vastes cavités converties en lacs par l'arrivée des eaux souterraines. On estime que plus de deux cents lacs, étangs, marécages, furent ainsi soudainement produits.

Fig. 18. — Fissure étoilée produite par le tremblement de terre des Calabres.

En certains points, le sol, délayé par les eaux détournées de leur cours ou amenées de l'intérieur par les crevasses, se convertit en torrents de boue, qui couvrirent les plaines ou remplirent les vallées. La cime des arbres et les toits des fermes en ruine dominaient seuls le niveau de cette mer boueuse.

Par moments, de brusques secousses ébranlaient le sol de bas en haut. La commotion était si violente, que les pavés des rues étaient arrachés de leurs cavités et sautaient en l'air. La maçonnerie des puits sortait tout d'une pièce de dessous terre, comme une petite tour chassée hors du sol. Quand la terre se soulevait en se fracturant, à l'instant, maisons, gens, bestiaux étaient engloutis; puis, le sol s'affaissant, la crevasse se refermait, et, sans laisser de vestige, tout disparaissait, broyé entre les parois du gouffre rapprochées. Plus tard, lorsque, après le désastre, on fit des fouilles pour retrouver les objets de valeur enfouis, les ouvriers remarquèrent que les bâtiments engloutis et tout ce qu'ils contenaient n'étaient plus qu'une masse compacte, tant avait été violente la pression de l'espèce d'étau formé par les deux bords des crevasses refermées.

CHAPITRE VII

ROCHES IGNÉES FONDAMENTALES

1. Terrains ignés et terrains de sédiment. — La matière fluide centrale, refoulée soit par la pression des couches solides qui la surmontent, soit par la puissance élastique des vapeurs, a été injectée de bas en haut, à de nombreuses reprises, dans les fissures du sol, et est remontée plus ou moins haut, souvent même jusqu'à la surface, où elle s'est amoncelée en buttes, en bourrelets, au-dessus de la crevasse qui lui a servi de cheminée d'ascension.

Ainsi ont surgi les matériaux souterrains qui forment aujourd'hui la charpente de diverses chaînes de montagnes et se dressent en dentelures abruptes.

Cette injection des matières centrales à travers les couches de toute nature de l'écorce terrestre, a eu lieu en telle abondance aux anciens âges de la terre, qu'aujourd'hui la moitié du sol que nous foulons aux pieds se compose de roches venues de l'intérieur à l'état de fusion. L'autre moitié a pour origine, comme nous le verrons bientôt, les dépôts effectués par les eaux et provenant des débris de toute nature arrachés au sol préexistant.

On classe donc en deux ordres l'ensemble des roches composant la partie de l'écorce du globe accessible à nos observations : premièrement les roches fournies par l'intérieur incandescent de la terre ; secondement les roches formées au sein des eaux avec les détritus des premières. Les premières se nomment *roches ignées*, du mot latin *ignis*, feu, pour signifier leur fusion originelle par le feu ; on les nomme aussi *roches éruptives*, pour rappeler qu'elles ont fait éruption, à l'état fluide ou pâteux, du sein du globe à la surface. Quant aux secondes, on les appelle *roches de sédiment*, d'un mot latin signifiant se déposer, parce qu'elles ont pour origine les dépôts effectués sous les eaux, principalement les eaux de la mer.

2. Structure cristalline des roches ignées. — D'abord fluides ou du moins dans un état de fusion pâteuse, ces roches ont pris, en se figeant lentement, la forme cristalline que prend tout corps liquéfié soumis à un refroidissement graduel. Aussi les roches ignées se composent-elles généralement d'un amas confus de petits cristaux ; ce qui leur a fait donner le nom de *roches cristallines*. Le granit, la principale d'entre elles, en est un exemple frappant. Attentivement examiné, il montre, dans sa composition, un amas d'innombrables cristaux, à peu près comme le fait le sucre en pain, lui aussi matière cristallisée après avoir été fondue, non par l'action du feu, mais par l'action de l'eau.

Au contraire, la partie du sol due aux dépôts des océans est dépourvue de cristallisation, car elle résulte de sables, de boues, de limons informes, durcis en pierres.

3. Caractères généraux des roches ignées. — Une prochaine étude nous parlera de la présence fréquente de fossiles dans les roches de sédiment, fossiles qui consistent en restes des êtres organisés, animaux et végétaux, ayant

vécu au sein des eaux où ces roches se sont formées. De
pareils débris ne se trouvent jamais et ne peuvent évidemment se trouver dans les roches ignées, venues à l'état de
fusion de l'intérieur de la terre. Voilà un caractère distinctif d'une netteté parfaite. Toute roche, tout fragment de
pierre renfermant dans sa masse des fossiles, ne serait-ce
qu'un fragment de coquillage, provient certainement d'un
dépôt effectué par les eaux; mais si les fossiles manquent,
il faut consulter les autres caractères pour décider si la
roche est d'origine ignée ou d'origine sédimentaire.

Il sera bientôt établi que les roches dues aux dépôts des
eaux sont disposées par lits, couches ou strates, qui se super-

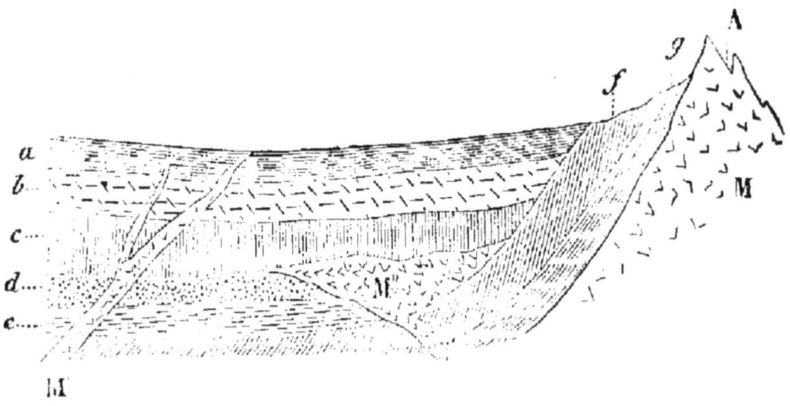

Fig. 19. — Disposition des roches sédimentaires et des roches éruptives.

posent et tantôt conservent l'horizontalité primitive, tantôt
et plus souvent se redressent, s'inclinent. En un mot, ces
roches sont *stratifiées*. Les roches ignées ne présentent jamais rien de pareil. Injectées de bas en haut à travers les
roches sédimentaires, qu'elles ont bouleversées sur leur passage, elles se dressent en pics, en aiguilles, en murailles
dentelées; ou bien elles s'arrondissent en dômes, en buttes
coniques, en mamelons; ou bien encore, elles constituent
des amas informes, des filons, des veines, mais dans aucun
cas, elles ne sont étagées par assises régulières.

La figure 19 résume ces dispositions caractéristiques des
deux ordres de roches. AM est la roche éruptive qui, se

dressant en pic, a dérangé de l'horizontalité et soulevé avec elle les deux assises sédimentaires f et g. M' est un filon de la même roche injecté à travers les assises sédimentaires; M" est un amas également éruptif, enclavé dans des couches de sédiment. Enfin a, b, c, d, e, sont autant d'assises sédimentaires qui, postérieures à l'éruption de la masse M, n'ont pas été dérangées de l'horizontale.

4. Nature des roches ignées. — Les roches ignées se composent de silice, associée avec des matériaux de nature fort variable, parmi lesquels la potasse, la chaux, l'alumine, l'oxyde de fer. Toutes sont des mélanges à proportions variables de quelques-uns des éléments minéralogiques suivants : *quartz, feldspath, mica, amphibole.* Donnons d'abord quelques détails sur chacun de ces éléments minéralogiques.

5. Silice. — **Quartz.** — Il n'est pas rare de trouver au sein des fissures et des cavités rocheuses une magnifique matière ayant la transparence et la limpidité du verre le plus pur. Cette matière frappe d'autant plus le regard qu'elle possède une forme régulière, celle de

Fig. 50. — Cristal de roche.

prismes à six faces, terminés tantôt aux deux bouts, tantôt à un seul par une pointe ou pyramide également à six faces. Ces cristaux sont habituellement groupés sans ordre en gracieux bouquet. Quelques-uns n'atteignent pas la grosseur d'un crayon, mais on en voit que nous n'entourerions pas des deux mains. On donne à cette matière le nom de *cristal de roche;* elle est formée de *silice* pure.

Lorsqu'à la silice se trouve accidentellement associée en très petite quantité quelque matière étrangère, notamment un oxyde métallique, le cristal de roche prend une couleur très vive, très variable suivant la nature de la matière combinée. Les cristaux de silice sont alors tantôt d'un splendide violet, tantôt d'un rose tendre, tantôt d'un noir intense ou d'une autre couleur. Cette superbe matière était autrefois utilisée par les joailliers, qui la travaillaient comme objet de luxe. Mais la difficulté de la taille, avec une substance aussi dure, a fait abandonner le cristal de roche, remplacé aujourd'hui par un produit de notre art, une sorte de verre, nommé lui aussi cristal, plus limpide, plus riche de teinte, plus éclatant et surtout plus facile à travailler. Un beau groupe de cristaux de silice n'a donc d'autre mérite que de fournir un superbe échantillon pour un cabinet de minéralogie.

La matière du cristal de roche, la silice, prend le nom de *quartz* quand elle n'a pas la configuration cristallisée. C'est alors, à l'état pur, une masse incolore et transparente comme le verre, sans aucune forme déterminée.

6. Feldspath. — Mica. — Amphibole. — On applique la dénomination de feldspath à divers composés minéralogiques où se trouvent associés l'acide silicique ou silice, l'alumine ou base de l'argile, et une seconde base, de nature variable. Le plus remarquable de ses composés est l'*orthose*, formée de silice, d'alumine et de potasse. C'est une matière généralement blanche, opaque et d'un aspect un peu satiné; ses cristaux, parfois volumineux, ont la forme de tablettes rectangulaires.

Le *mica*, dont le nom signifie briller, se compose de fines écailles brillantes, tantôt semblables à des paillettes d'or et d'argent, ce qui souvent les fait prendre pour une matière précieuse; tantôt noires, vertes, roses ou violettes. Les paillettes dorées que l'on mélange au sable bleu destiné à dessécher l'écriture, sont des parcelles de mica. Malgré sa riche apparence, le mica n'a rien de commun avec l'or et l'argent, et reste à peu près sans valeur. Il contient de la silice, de l'alumine, du fluor et autres matières sans prix.

Enfin l'*amphibole*, renfermant de la silice, de l'alumine, du fer, de la chaux, de la magnésie, est une matière d'un noir brillant, qui d'ordinaire cristallise en petites baguettes fibreuses.

7. Principales roches ignées. — Granit. — La plus plus abondante des roches ignées est le *granit*, dans le nom duquel se reconnaît le mot grain. Cette roche est, en effet, un mélange de divers matériaux sous forme de grains. Examinons avec soin un fragment de cette roche, taillé ou non taillé. Nous y distinguerons des grains plus ou moins volumineux, d'une matière transparente, d'aspect vitreux. Ce sont là des fragments de *quartz*. Nous verrons d'autres morceaux tantôt blancs, tantôt légèrement rosés, d'aspect un peu satiné et toujours opaques. Leur forme est en général celle d'un petit carré long. Cette seconde matière est l'*orthose*. Nous y trouverons enfin, çà et là disséminées, de nombreuses et minces paillettes d'une matière luisante, fréquemment noire, d'autres fois ayant la couleur et le brillant soit de l'or, soit de l'argent. Cette troisième matière est le *mica*.

Ainsi le granit n'est pas une roche de nature simple; il est composé de trois éléments minéralogiques divers, qui tous les trois sont formés, soit en totalité, soit en partie, de silice. Le granit est un mélange de quartz, d'orthose et de mica.

Lorsque ces trois substances sont associées par feuillets entremêlés, la roche prend le nom de *gneiss*. Elle porte la dénomination de *micaschiste*, lorsque le quartz et le mica entrent seuls dans la composition, et que sa structure est feuilletée. Les granits et les gneiss sont les roches éruptives les plus abondamment répandues.

8. Porphyre. — Diorite. — Syénite. — On nomme *porphyre* des roches uniquement feldspathiques, qui, au sein d'une pâte homogène rouge, brune, verte, noire ou d'une autre couleur, présentent des taches en parallélogrammes, plus claires, souvent blanches et formées par des cristaux d'orthose.

Les *syénites*, par leur aspect, rappellent le granit. Leur nom est tiré de la ville de Syène, en Égypte, où ces roches sont abondantes. L'antique Égypte a fréquemment utilisé ce genre de roche pour ses indestructibles constructions. Les syénites sont formées d'un mélange de cristaux d'orthose, d'amphibole et de quartz. Elles ne diffèrent du granit qu'en ce que l'amphibole y remplace le mica.

Enfin les *diorites* résultent du mélange du feldspath et de l'amphibole, tantôt distincts, tantôt intimement confondus en une masse d'apparence homogène. Dans le premier cas, les diorites ont l'aspect du granit.

CHAPITRE VIII

ROCHES STRATIFIÉES OU DE SÉDIMENT. — FOSSILES

1. **Dépôts des mers.** — Les mers n'ont jamais cessé d'amasser au fond de leur lit les matières minérales arrachées au sol émergé par l'action des vagues, ou apportées de l'intérieur des terres par les eaux courantes. Aux époques les plus reculées, comme de nos jours, l'Océan n'a pas discontinué de ronger ses rivages et d'en étaler les débris dans son lit ; il n'a pas discontinué de recevoir de l'ensemble des cours d'eau un immense tribut de sable, de boue, de limons, qui, déposés dans ses profondeurs en même temps que les coquillages morts, se sont durcis en puissantes assises de pierre. Plus tard, les dislocations de l'écorce terrestre ont soulevé çà et là hors des eaux l'antique lit des mers et l'ont converti en terre ferme ; aussi la masse rocheuse des continents est-elle aujourd'hui, jusque sur la cime des plus hautes montagnes, souvent pétrie de coquillages marins.

2. **Roches stratifiées ou de sédiment.** — Les matériaux de ces roches se sont déposés au fond des eaux, au fond des mers surtout, en couches horizontales régulières, en lits d'une épaisseur plus ou moins grande, ou, comme

on dit encore, en *strates*. La succession de ces dépôts, tantôt calcaires, tantôt argileux ou sablonneux, a donc produit une suite d'assises superposées, les plus vieilles au fond, les récentes en haut. Si rien n'était venu les déranger de leur position originelle, ces assises auraient conservé la direction horizontale ; mais, loin de là, la plupart aujourd'hui se retrouvent plus ou moins inclinées, parfois redressées jusqu'à la verticale. L'écorce terrestre a par conséquent subi des dislocations, des plissements qui ont bouleversé, brisé, modifié dans leur niveau les dépôts sédimentaires, et de la sorte changé à diverses reprises la configuration des terres et des mers.

Toutefois, malgré leur dérangement de l'horizontale primitive, les terrains de sédiment ont conservé toujours leur caractère fondamental, leur division en assises, en couches parallèles. Aussi l'un des traits les plus saillants de la partie de l'écorce terrestre due à l'action des eaux, c'est d'être *stratifiée*, c'est-à-dire disposée en *strates*, en assises plus ou moins régulières. Quant à l'expression de *roches de sédiment* ou *roches sédimentaires*, elle rappelle que les matériaux de ces roches sont les sédiments ou les dépôts des eaux.

3. **Principales roches stratifiées.** — Cette catégorie de roches comprend en première ligne le *calcaire ;* en seconde ligne, les *argiles*, les *marnes*, les *sables*, les *grès*, les *cailloux roulés*.

Le calcaire est une combinaison de chaux et de gaz carbonique. Il comprend de nombreuses variétés, dont les principales sont : la pierre à chaux ordinaire, la craie, la pierre à bâtir, le marbre. Toutes ces matières rocheuses se reconnaissent par la vive effervescence qu'elles font au contact des acides énergiques, par suite du dégagement de leur gaz carbonique.

Les argiles ont pour caractère de se laisser pétrir avec de l'eau et de former une pâte liante. Elles sont formées de silice et d'une autre matière, l'alumine, ainsi dénommée parce qu'elle se retrouve dans l'alun.

Mélangées avec du calcaire pulvérulent, les argiles constituent les marnes, où se trouve aussi parfois du sable.

Les sables et les cailloux roulés ne sont que des fragments de volume divers, arrachées par les eaux aux roches
de toute nature, et principalement aux roches siliceuses.

Les grès résultent de sables plus ou moins agglutinés
par un ciment tantôt calcaire, tantôt ferrugineux.

4. Stratification concordante. — Des couches sédimentaires sont en *stratification concordante*, lorsqu'elles sont
parallèles entre elles, n'importe leur forme rectiligne ou
sinueuse, et leur direction horizontale ou inclinée. Telles
sont les assises de la figure 21, assises dont on peut suivre
la succession soit sur le flanc *b* du monticule, soit dans les
escarpements de la vallée *a*, creusée par l'action des eaux
courantes.

Ce parallélisme indique une période de tranquillité pen-

Fig. 21. — Stratification concordante.

dant laquelle les couches sédimentaires se sont déposées
au fond des mers, sans trouble dans leur mode naturel de
superposition. Plus tard, lorsque la dernière a été formée,
est survenue une oscillation du sol qui les a fait émerger
toutes à la fois en leur conservant le parallélisme, mais
en leur donnant le plus souvent une direction inclinée,
commune à toutes.

5. Stratification discordante. — La stratification est
discordante lorsqu'il n'y a pas parallélisme entre les
couches. Considérons, par exemple, la figure 22. Les
strates A, B, C, D, E, F, G sont entre elles concordantes
et parallèles; celles de la partie centrale sont sinueuses
par suite de plis de terrain; celles de droite et de gauche

sont tronquées supérieurement, soit par le fait d'une rupture qui a rejeté, partie à droite et partie à gauche, les assises du sol brisé, soit encore par le fait des eaux courantes qui ont corrodé et entraîné le sommet.

Sur ces couches tronquées sont superposées les strates

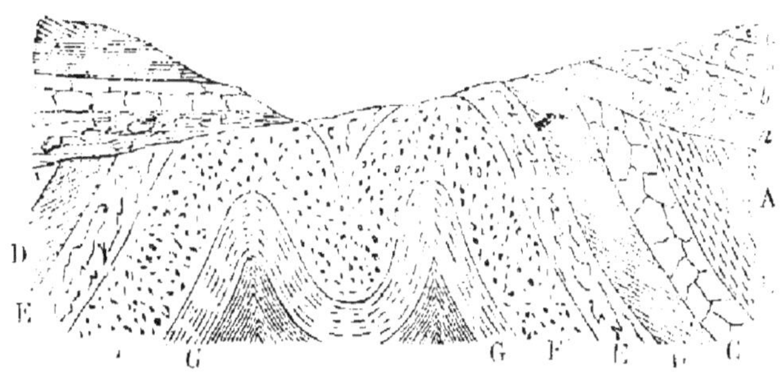

Fig. 22.

a, *b*, *c*, *d*. Celles-ci sont en stratification discordante avec les premières, en d'autres termes, ne leur sont pas parallèles. Ce défaut de parallélisme amène la conclusion suivante : les couches A, B, C, D, etc., étaient dérangées de leur position originelle, la position horizontale, et avaient éprouvé un soulèvement lorsque se sont déposées les

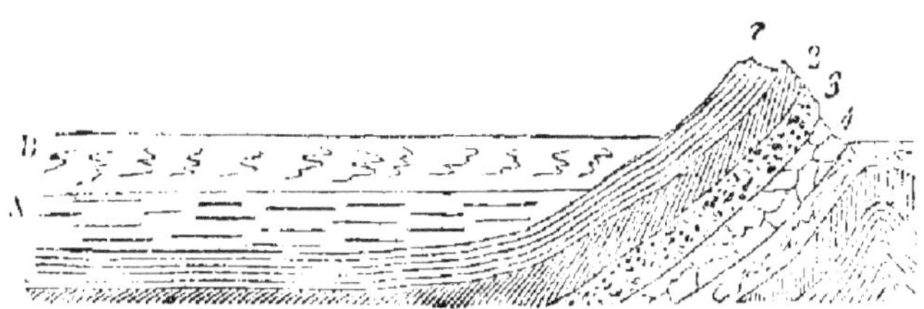

Fig. 23.

couches *a*, *b*, *c*, *d*, car s'il n'y avait pas eu de trouble précédant la seconde série de dépôts, le parallélisme se serait conservé entre les deux séries. Il s'est donc fait un soulèvement, une modification dans le relief du sol, après le dépôt de la couche A et avant le dépôt de la couche *a*.

Considérons encore la figure 23. Une ride de l'écorce

terrestre fait soulever les strates 1, 2, 3, 4, formées au fond des mers pendant une longue période de tranquillité. Il en résulte un bourrelet, une chaîne de montagnes, au pied de laquelle la mer continue à déposer des sédiments, qui deviennent les strates horizontales B et A, en stratification discordante avec les premières.

Imaginons qu'une nouvelle oscillation du sol exhausse davantage la partie déjà émergée. La base agrandie de la montagne montrera alors sur ses flancs les couches A et B, dérangées de leur position horizontale, plus ou moins inclinées, et discordantes avec les couches du premier soulèvement. Le défaut de parallélisme entre les assises de la base et celles du sommet nous indiquera donc deux perturbations consécutives, deux soulèvements ayant concouru à la formation du relief final.

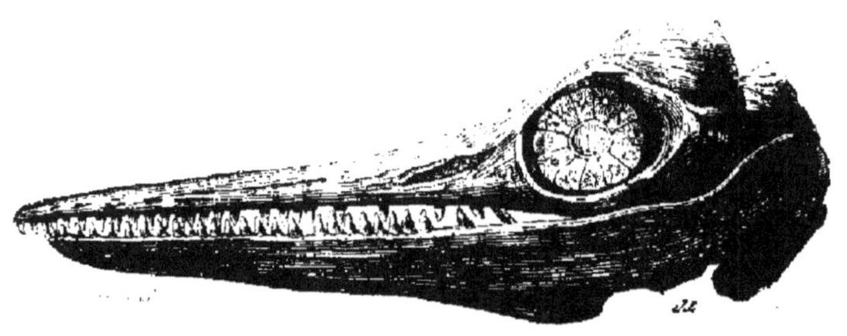

Fig. 24. — Tête fossile d'un grand reptile, l'Ichthyosaure.

6. **Fossiles.** — Les roches sédimentaires contiennent très souvent, et en abondance, les débris pétrifiés des êtres organisés, animaux ou plantes, qui ont vécu au sein des eaux où le dépôt de ces roches s'est formé, ou qui, vivant sur la terre ferme, ont eu leurs restes charriés dans les mers et les lacs par les eaux courantes. C'est ce qu'on nomme des *fossiles*. Les plus abondants sont des coquillages, qui, par leur nature pierreuse, ont mieux résisté à la destruction. Leur nombre est si considérable, que parfois la roche en est presque entièrement formée. Les fossiles du règne animal consistent, avant tout, dans les parties dures, ossements, dents, tests, écailles, coquilles; les par-

ties molles, d'une décomposition très facile, bien rarement ont laissé des traces, la putréfaction et autres causes les ayant dissipées sous les eaux avant que se fût déposé le sédiment qui aurait pu en garder au moins l'empreinte.

Il ne nous reste donc en général des vieilles populations du globe que des débris souvent fort incomplets, mais qui suffisent néanmoins à la science pour reconstituer l'animal en entier, et le faire revivre en quelque sorte à notre esprit par la comparaison avec les êtres analogues de l'époque actuelle. Telle et telle autre espèce des anciens âges ne nous sont connues que par quelques dents, quelques vertèbres; avec ces données, une minutieuse comparaison anatomique

Fɪɢ. 25. — Coquille fossile.
Gryphée.

Fɪɢ. 26. — Coquille fossile. Peigne.

sait cependant compléter les organes qui manquent, décrire le squelette entier, puis l'animal, avec une précision bien voisine de la certitude.

7. **Fossilisation.** — On désigne ainsi les changements qu'ont subis, dans leur nature, les restes d'êtres organisés pendant leur long séjour au sein de la roche qui les renferme. La matière minérale primitive fréquemment s'est conservée telle quelle. Ainsi les coquillages ont encore le calcaire qui les composait à l'état de vie; les ossements possèdent les matériaux pierreux qu'ils avaient dans l'animal; mais la matière organique, par exemple le cartilage des os, a toujours disparu, remplacé par une matière mi-

nérale; et cela d'une manière d'autant plus complète que le fossile est plus ancien.

D'autres fois, à la substance primitive, tant minérale qu'organique, s'en est substituée une autre, variable suivant les terrains, et consistant surtout en calcaire, en silice, en oxyde de fer. Ce n'est pas ici un encroûtement superficiel, un fourreau minéral superposé, mais bien une substitution intime, qui s'est faite de particule en particule, à mesure que la matière originelle disparaissait dissoute;

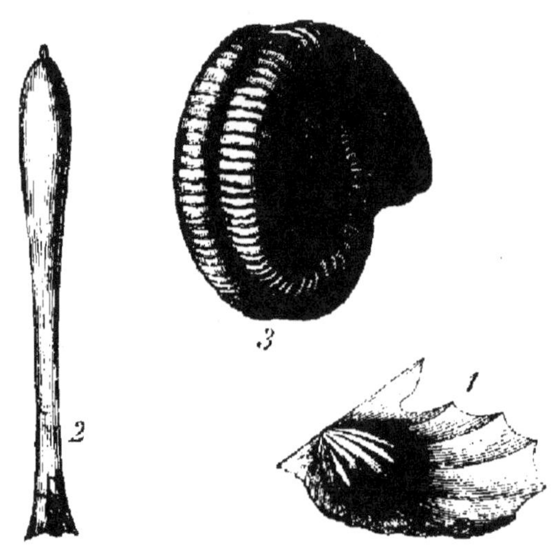

Fig. 27. — Coquilles fossiles.

1, Avicule; — 2, Bélemnite; — 3, Ammonite.

c'est enfin une véritable *pétrification*, ou conversion en pierre.

Le remplacement des matériaux primitifs par les matériaux substitués s'est produit avec une telle précision, une telle délicatesse, que souvent la structure intime, si complexe dans ses infiniment petits détails, n'a pas ou presque pas éprouvé d'altération. Sur le tronc d'un palmier ou d'une fougère, converti par la fossilisation en un fût de silice, le microscope peut étudier l'organisation du bois comme il le ferait sur un végétal vivant.

8. Importance des fossiles pour l'histoire de la Terre. — L'historien déchiffre les périodes obscures de l'histoire avec les inscriptions et les médailles qui nous sont parvenues à travers les injures du temps. Les fossiles sont les médailles de l'histoire du globe. Ils nous racontent par quelles phases la vie a passé pour arriver à l'état de nos jours ; ils nous disent la succession des êtres organisés dans la série des âges ; ils nous montrent comment les espèces animales et les espèces végétales ont continuellement progressé vers une organisation plus parfaite, aujourd'hui parvenue au développement le plus avancé. A ces renseignements sur les hauts problèmes de la vie, les fos-

Fig. 28. — Végétal fossile voisin du Pin : Weltzia.

siles en adjoignent d'autres sur la configuration générale de la superficie de notre globe, sur l'antique répartition des terres et des mers, l'apparition et la disparition des continents.

9. Renseignements généraux fournis par les coquilles fossiles. — Considérons en particulier les coquilles, qui sont les fossiles partout les plus répandus, soit que les mollusques, aux anciens âges de la Terre, aient été réellement plus nombreux que toute autre série animale, soit que leurs tests pierreux, d'une altération difficile, nous soient parvenus en plus grande abondance que les autres restes organisés.

A l'état vivant, un grand nombre de coquilles sont ornées les unes de plis lamelleux, de crêtes dentelées, de fines et régulières stries ; les autres, de piquants, de menus aiguillons. Tous ces détails d'élégante ornementation sont d'une grande délicatesse ; le moindre choc les brise, le frottement sur le sable de la plage les efface. La coquille elle-même est mise en morceaux si l'élan de la vague la heurte sur le roc.

Or, presque toujours les coquilles fossiles, même dans les roches les plus dures, nous montrent, admirablement conservés, les moindres traits de leur structure, si compliquée, si fragile qu'elle soit : piquants, lamelles, stries, aiguillons, crénelures, tout s'y retrouve, sans altération aucune.

Une conséquence de haut intérêt se dégage immédiatement de cette seule observation. Ces coquillages ne sont pas venus d'ailleurs, ils n'ont pas été roulés, entraînés par des courants, qui non seulement auraient détruit toute ornementation superficielle, mais encore auraient fait de ces coquilles des débris informes. Les mollusques dont elles sont les restes ont donc vécu à la place même où ces coquilles se trouvent aujourd'hui ; ils y ont vécu paisiblement, et leurs dépouilles, à la mort de l'animal, ont été enveloppées par une vase fine, qui s'est durcie plus tard en roc et les a conservées intactes dans la masse compacte. Ils y ont vécu, en outre, pendant très longtemps, d'innombrables générations succédant à d'autres générations, car l'épaisseur de la roche où les coquilles sont superposées d'après leur ordre d'ancienneté, se mesure par centaines et par milliers de mètres. Ce qu'il a fallu de siècles de tranquillité pour produire de pareils entassements est impossible à dire.

Ce ne sont pas seulement les plaines et les terrains bas qui, dans leurs assises, nous montrent des coquilles marines fossiles ; on les trouve aussi, et souvent très abondantes, jusque dans la roche des plus hautes cimes. A quelque hauteur que nous nous élevions sur les rampes des montagnes, à quelque profondeur que nous descendions dans leurs entrailles, nous trouvons des coquillages marins enclavés dans le roc. Plusieurs de nos marbres sont pétris de choses ayant eu vie; la pierre à bâtir n'est souvent qu'un ossuaire, qu'un amas de coquillages brisés; et il est impossible d'en extraire une parcelle où l'animalité n'ait laissé son empreinte.

Dans ces reliques du vieux monde, ce ne sont pas toujours les plus grandes espèces qui ont laissé le plus fort contingent; le nombre supplée à la taille. Les puissantes assises de calcaire d'où l'Égypte retira les matériaux de ses pyramides sont formées de petits coquillages, de *num-*

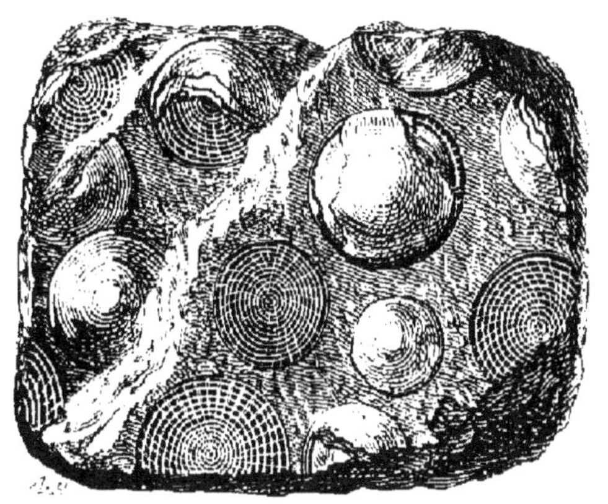

Fig. 29. — Nummulites.

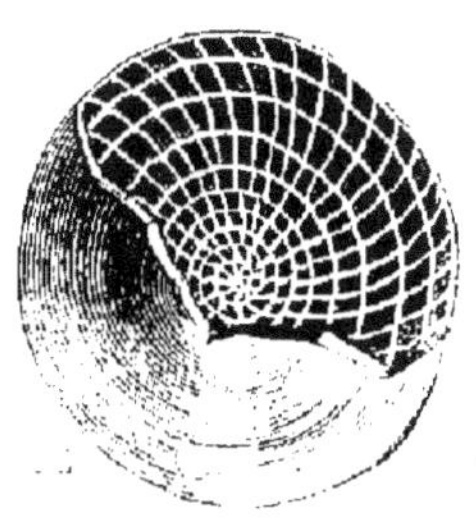

Fig. 30. — Structure intérieure d'une Nummulite.

mulites, semblables à des lentilles; celles que Paris exploite pour ses constructions sont presque en entier une agglomération de menues coquilles granulaires, de *miliolites*, qui n'atteignent pas un millimètre. Rien ne saisit davantage l'esprit que la faiblesse apparente des moyens mis en œuvre par ces animalcules et l'immensité des résultats obtenus; mais aussi qui prétendrait nombrer les générations et les siècles nécessaires à de pareils entassements !

Ainsi à tout niveau au-dessus des océans actuels, et en toute région de la terre ferme, se retrouvent, incontestables, les traces du séjour prolongé des mers ; mais le niveau des océans ne pouvant changer parce que la masse des eaux est invariable, ce ne peut être la mer qui se serait élevée à ces grandes hauteurs pour y laisser ses coquillages, puis se serait abaissée au niveau actuel : car il y aurait alors à se demander ce qu'est devenue l'immense quantité d'eau disparue par un semblable retrait. Si la mer n'a pu s'élever à la cime des montagnes pour y laisser ses coquillages fossiles, c'est dans la terre elle-même qui, d'abord inférieure au niveau des eaux, a reçu les sédiments des mers auxquelles elle servait de lit, puis s'est soulevée, emportant avec elle les preuves évidentes des

Fig. 31. — Limnée.

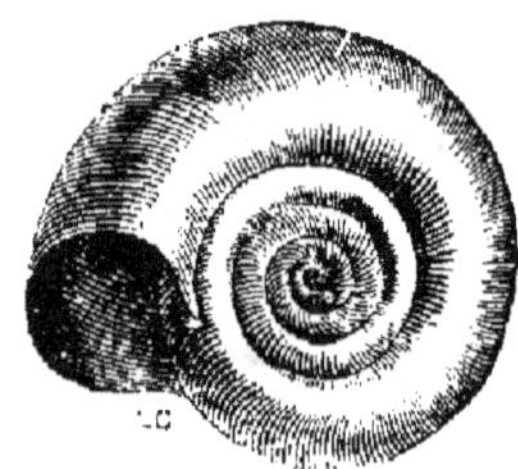

Fig. 32. — Planorbe.

dislocations et changements de relief qui des profondeurs océaniques ont fait terre ferme et chaînes de montagnes.

10. **Terrains de sédiment marins et terrains de sédiment d'eau douce.** — Parmi les mollusques, les uns, peu nombreux en espèces, habitent les eaux douces ; les autres, en plus grande abondance, ont pour demeure les mers. Nos fossés, nos lacs, nos étangs, regorgent en particulier de limnées, de planorbes et de paludines qui n'ont pas de représentants dans les mers ; les mers à leur tour ont d'innombrables espèces étrangères aux eaux douces ; tels sont, par exemple, les murex, hérissés de piquants ;

les nautiles, dont la coquille est divisée en compartiments

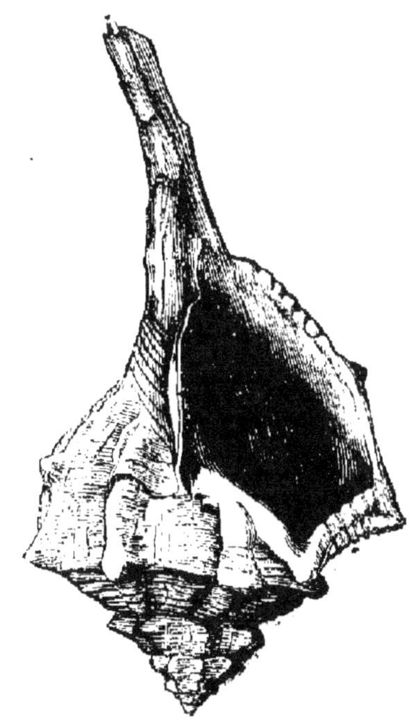

Fig. 33. — Murex.

par des cloisons; les huîtres, les moules, les bucardes. Dans

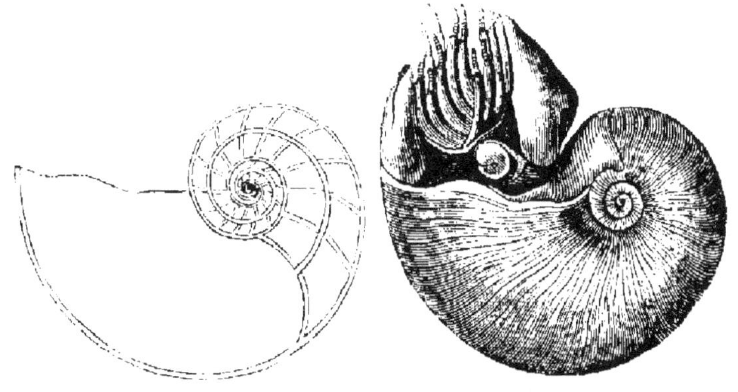

Fig. 34. — Nautile.
La coquille avec l'animal, et section de la coquille.

la vase des étangs s'amassent des coquilles de planorbes

et de limnées; dans les dépôts sous-marins s'entassent les huîtres et les murex.

Or, dans beaucoup de localités, la roche, sans rien présenter de spécial dans sa nature minérale, est pétrie de coquilles de planorbes, de limnées et autres espèces des eaux douces. A ce signe seul on reconnaît que la roche a été déposée au fond d'une nappe d'eau douce, notamment au fond d'un lac, devenu terre ferme aujourd'hui. En d'autres points, incomparablement plus répandus, la roche ne renferme que des coquilles marines. Sa formation est donc due aux dépôts de la mer.

Si quelque part se présente un mélange de coquilles marines et de coquilles d'eau douce, c'est la marque de l'embouchure d'un cours d'eau, apportant à la mer, pendant ses crues, les dépouilles de ses propres mollusques, et les ensevelissant dans les boues pêle-mêle avec les dépouilles des mollusques de l'eau salée.

CHAPITRE IX

INDICATION DES PRINCIPALES ROCHES

MINÉRAUX

1. Minéraux et Roches. — Toute masse minérale entrant pour une part notable dans la composition de l'écorce terrestre porte le nom de *roche*, quelles qu'en soient d'ailleurs les apparences, la nature chimique, la structure. Les roches sont fréquemment des mélanges d'un petit nombre d'*éléments minéralogiques* ou *minéraux*, euxmêmes formés de corps simples ou éléments chimiques. Les minéraux qui dominent dans l'écorce solide du globe sont le *quartz*, le *feldspath*, le *mica*, le *pyroxène*, l'*amphibole*, le *talc*, le *spath d'Islande*. Nous avons déjà dit quelques mots sommaires sur les principaux d'entre eux; reprenons cette étude en la complétant.

2. **Quartz.** — Le *quartz* ou *cristal de roche* est de la silice pure. C'est une matière transparente, d'aspect vitreux, assez dure pour rayer le verre, étincelant sous le choc du briquet, infusible, cristallisant en prismes à six faces que terminent des pyramides également à six faces.

3. **Feldspath. — Orthose.** — Le terme de *feldspath* désigne un groupe d'éléments minéralogiques qui, par leur extrême abondance, remplissent dans les terrains d'origine ignée le rôle du calcaire dans les terrains de sédiment. Ils forment la majeure partie des roches éruptives. Tous sont des silicates multiples; au silicate d'alumine ils associent le silicate de potasse, ou de soude, ou de chaux, tantôt isolés, tantôt groupés par deux.

La principale espèce est l'*orthose*, ou silicate double d'alumine et de potasse. C'est une matière opaque, d'aspect un peu satiné, blanche ou rougeâtre, cristallisant en tablettes rhomboïdales. On trouve aussi l'orthose en masses globulaires, striées du centre à la circonférence et engagées dans de l'orthose compacte.

4. **Mica.** — L'éclat très brillant, presque métallique, rivalisant parfois avec celui de l'argent et de l'or, a fait donner à cet élément minéralogique le nom de mica, dérivé du mot latin *micare*, briller. C'est une matière divisible en feuillets très minces, un peu élastiques, parfois très grands. Les couleurs habituelles sont l'argent, l'or, le vert bronzé, le brun, le noir. Il y en a différentes espèces qui sont toutes des associations du silicate d'alumine avec un autre silicate, celui de potasse, de chaux, de magnésie. On y trouve aussi de l'oxyde de fer et du fluor. Le mica abonde dans certaines roches ignées, les granits, les gneiss; il se trouve en paillettes détachées dans les sables provenant de l'altération de ces roches, et souvent alors est cause d'une méprise pour le vulgaire qui croit y reconnaître de minces écailles d'or ou d'argent.

5. **Talc.** — Le *talc*, la moins dure de toutes les substances

minérales, est un silicate de magnésie, doux et onctueux au toucher, blanc ou légèrement verdâtre, d'aspect argentin ou nacré, divisible en feuillets minces, flexibles mais sans élasticité. L'ongle le raie facilement. Assez analogue d'aspect au mica, quand il se présente sous forme d'écailles douées de l'éclat de l'argent, il en diffère par l'absence de l'alumine et par le défaut d'élasticité de ses lamelles. Parmi ses variétés est la *stéatite*, vulgairement *craie de Briançon*. C'est une matière amorphe, onctueuse et grasse au toucher, que le couteau réduit aisément en poussière. Les tailleurs emploient la stéatite pour tracer sur le drap la coupe des habits; on poudre de sa poussière onctueuse l'intérieur des chaussures neuves pour favoriser le glissement et l'introduction du pied.

6. **Pyroxène**. — Le groupe des *pyroxènes* comprend des silicates multiples de chaux, de magnésie, de fer, de manganèse. Le plus remarquable est le *pyroxène augite*, de couleur noire, cristallisant en prismes à huit faces, que terminent des sommets dièdres et obliques. On le trouve principalement dans les roches volcaniques anciennes ou modernes, laves et basaltes. Parfois les volcans en ont rejeté à profusion en cristaux isolés. C'est l'augite qui colore en noir les basaltes.

7. **Amphibole**. — Les minéraux de ce groupe ont une étroite analogie avec les pyroxènes et consistent en un silicate de chaux associé, en proportion très variable, avec des silicates de fer et de magnésie. La variété noire, dite *hornblende*, est un élément constitutif des syénites et des diorites; elle cristallise en prismes que terminent des sommets à deux ou trois faces.

8. **Spath d'Islande**. — On désigne ainsi le calcaire ou carbonate de chaux pur et cristallisé. C'est une belle matière incolore, limpide et transparente, cristallisant en grandes tablettes rhomboédriques. Les plus beaux échantillons nous viennent de l'Islande. La physique le recherche pour ses études sur la lumière. Le spath d'Islande possède, en effet, à un degré remarquable, ce qu'on appelle la double réfraction, c'est-à-dire que vu à travers un cristal

de spath, un objet paraît double à cause de la bifurcation que subit le rayon lumineux en le traversant.

ROCHES

1. Roches feldspathiques.

1. Granit. — Le *granit*, nous l'avons déjà vu, est une roche où sont mélangés, en proportions fort variables, des cristaux de feldspath orthose, de quartz et de mica. Sa structure granulaire lui a valu sa dénomination. Le granit est très abondamment répandu ; il entre pour une bonne part, en particulier, dans la charpente des Alpes et des Pyrénées. C'est une roche très dure, apte à prendre un superbe poli, ainsi que le fait le marbre ; mais bien plus difficile à travailler ; aussi ne l'emploie-t-on que rarement et pour les monuments les plus somptueux, auxquels il fournit des colonnes et des socles de statue d'une grande richesse.

2. Pegmatite. — C'est un granit à volumineux éléments, dans lequel l'orthose, le quartz et le mica, au lieu d'être uniformément disséminés, forment des amas distincts, accolés les uns aux autres. A cause de la façon grossière dont se trouvent aggrégés ses éléments minéralogiques, cette roche est facilement altérable par les agents atmosphériques. L'orthose cède sa potasse au gaz carbonique de l'atmosphère, avec formation d'un sel soluble, carbonate de potasse, que les eaux pluviales entraînent, et il reste du silicate d'alumine pur, qui est le kaolin ou terre à porcelaine.

3. Gneiss. — Cette roche a la même composition que le granit, mais elle en diffère par sa structure feuilletée, provenant de la répartition de ses éléments par minces couches entremêlées. Ordinairement, le feldspath s'y trouve en moindre abondance que dans le granit, et le mica en proportion plus forte, ce qui favorise la disposition par feuillets. Du reste, aucun caractère différentiel bien net ne sépare les gneiss des granits, et une série d'échantillons

6.

bien choisis fait passer d'une roche à l'autre par transitions insensibles.

4. **Porphyre.** — On désigne sous ce nom une roche composée d'une pâte amorphe de feldspath dans laquelle sont disséminés des cristaux du même feldspath, de forme parallélogrammique et de teinte moins foncée que celle du reste de la masse. A ces cristaux sont adjoints parfois des minéraux accidentels, parmi lesquels le quartz et le mica. Les porphyres sont des roches très communes soit dans les grandes formations ignées, soit dans les terrains sédimentaires au travers desquels ils sont remontés de l'intérieur du globe. Il y en a de rouges, de verts, de noirs, de bruns. La variété rouge, employée dans les monuments somptueux de l'antiquité, porte le nom de *rouge antique*. Le *porphyre quartzifère* est une autre variété dont la pâte contient, outre des cristaux de feldspath, des cristaux de quartz ayant la forme d'une double pyramide à six faces.

5. **Trachyte.** — La dénomination de trachyte fait allusion à l'âpreté de la roche, composée d'une pâte de feldspath, âpre au toucher et criblée de fines cellules dans lesquelles se reconnaissent des cristaux de feldspath. La structure des trachytes est poreuse, scoriacée même dans certaines parties. Parmi les variétés se trouvent : la *pierre ponce*, employée dans les arts pour polir ; la *domite* de couleur variable, à grains très fins se désagrégeant entre les doigts et d'apparence un peu terreuse. Cette dernière roche constitue le Puy-de-Dôme, d'où elle tire son nom ; elle entre dans les massifs du Cantal et du Mont-Dore. Les trachytes sont d'origine volcanique ; ils forment à la surface du globe des épanchements, des bourrelets considérables. Ils abondent, en particulier, dans la Cordillère des Andes.

6. **Syénite.** — A structure grenue et cristalline, la syénite diffère du granit en ce que le mica y est remplacé par l'amphibole hornblende. Elle est ordinairement d'un rose rougeâtre, dû au feldspath, avec taches de noir et de gris, provenant de l'amphibole. Cette roche se trouve en grandes masses ; elle prend un superbe poli et résiste très bien aux agents atmosphériques. Aussi les Égyptiens en ont-ils fait

fréquent usage pour leurs indestructibles monuments.
L'obélisque de Louqsor, qui décore la place de la Con-
corde, à Paris, est en syénite. Les Vosges et le mont Blanc
possèdent cette roche.

2. Roches pyroxéniques.

7. Dolérite. — On appelle de ce nom une roche d'origine
volcanique, de structure grenue, cristalline, comparable
à celle des granits, et dans la composition de laquelle il
entre du pyroxène augite et du feldspath. On trouve la
dolérite dans les antiques coulées du Cantal, ainsi que
dans les coulées récentes du Stromboli et de l'Etna.

8. Basalte. — La composition est la même que celle de
la dolérite, mais la structure est compacte, homogène et
non cristalline. Les basaltes sont d'origine volcanique. Ce
sont des roches d'un noir uniforme et bleuâtre, divisées en
prismes plus ou moins réguliers perpendiculairement aux
surfaces. Tantôt elles se dressent en colonnades verticales,
tantôt elles ne présentent aux regards que la face supérieure
dont l'aspect est celui d'un pavé à dalles hexagones. L'imagination populaire, frappée du grandiose spectacle des basaltes, y a vu l'ouvrage énorme d'un peuple de géants et a
mis en usage les expressions d'*orgues des géants*, de
chaussées des géants, pour désigner soit les prismes assemblés côte à côte ainsi que les tuyaux d'un orgue, soit
l'espèce de dallage polygonal que forme la surface. Le
Vivarais est particulièrement riche en épanchements basaltiques.

3. Roches amphiboliques.

9. Diorite. — Cette roche, à structure granitoïde, se
compose de deux éléments : l'amphibole hornblende, verte
ou noire, et le feldspath, blanc ou verdâtre. Par son
aspect, sa dureté, son aptitude au poli, elle rappelle le
granit et la syénite. La variété dite *diorite orbiculaire
de la Corse* est une magnifique roche dont la pâte renferme

enclavés des globules de trois à quatre centimètres de diamètre et formés de zones concentriques alternativement blanches et d'un brun verdâtre.

4. Roches micacées.

10. Micaschiste. — L'expression générale de *schiste*, dérivée d'un mot grec signifiant se fendre, s'applique à toute roche dont la structure feuilletée permet la division par lames, par écailles. L'une d'elles est le *micaschiste*, ou *schiste micacé*, composé de mica et de quartz grenu. Cette roche diffère du gneiss, auquel elle se lie intimement, par l'absence du feldspath. Le mica y est très abondant, et en feuillets distincts qui alternent avec de minces couches de quartz.

5. Roches magnésiennes.

11. Talcschiste. — C'est encore une roche feuilletée, un schiste, différant du précédent par sa composition. Ses éléments minéralogiques sont le talc, le quartz, le feldspath, mélangés en proportions très diverses.

12. Serpentine. — Un silicate de magnésie, moins·riche en silice que le talc, est la base de la *serpentine*, roche compacte, tendre, douce au toucher, à cassure écailleuse, et dont les couleurs, généralement sombres, varient du vert au noir. Souvent toutes les teintes se réunissent par taches et simulent ainsi les macules d'une peau de serpent, d'où le nom imposé à cette roche. Les serpentines de couleurs vives fournissent des tables, des plaques, des colonnes, des vases, des socles de pendules d'un bel effet; une variété, dite *pierre ollaire*, se taille et se façonne au tour en une vaisselle d'excellent usage, notamment en marmites et poêlons résistant très bien au feu quoique minces et légers. Cette roche forme des amas éruptifs intercalés dans les terrains sédimentaires.

6. Roches argileuses.

13. Phyllade. — Ramenée à son origine étymologique, cette expression signifie feuille. Elle s'applique à des roches feuilletées, composées de limon argileux et talqueux, avec mélange accidentel de diverses substances, telles que le mica, le quartz, le calcaire. Les phyllades sont des roches sédimentaires. Leur principal représentant est l'*ardoise*, d'un gris bleuâtre. Les ardoisières les plus importantes de France sont celles de la Manche, des Ardennes et des environs d'Angers.

Extraite de la carrière en blocs plus ou moins considérables, l'ardoise est ensuite divisée en lames minces à l'aide d'un maillet et d'un long ciseau. La forme et les dimensions voulues s'obtiennent après avec la hache, qui tronque et régularise les lames sur un billot. La division en feuillets ne peut se faire que lorsque la roche est récemment extraite ; trop longtemps exposé à l'action desséchante de l'air, le bloc ne se fend plus comme il convient. C'est dans la carrière même que se fait ce travail.

Le principal usage des ardoises est pour les toitures. Assez légers et résistant très bien aux influences de l'atmosphère, à la pluie, à la neige, au soleil, les feuillets d'ardoise sont pour une habitation une excellente couverture. Des tablettes d'ardoise trouvent ainsi emploi dans nos écoles. Avec un crayon d'ardoise tendre, les enfants y écrivent, y calculent, y dessinent. Il suffit d'une petite éponge mouillée pour effacer les caractères et rendre les tablettes aptes à recevoir un nouveau travail.

14. Argiles. — Les argiles sont des roches tantôt massives, tantôt feuilletées, appartenant aux terrains sédimentaires. Essentiellement formées de silicate d'alumine, elles proviennent de la décomposition des feldspaths. Les nombreuses variétés de ces derniers, leur association avec d'autres minéraux, leur présence dans des roches de nature très diverse, les actions complexes qui ont provoqué leur décomposition, les différentes influences qu'ont subies après les produits de ces mêmes décompositions, leur transport par les eaux et leurs mélanges accidentels, expliquent pourquoi les argiles, quoique ayant toutes peut-être la même origine, se présentent néanmoins avec des compositions si diverses, et des colorations si variées. Toutes sont douées de *plasticité*, c'est-à-dire qu'elles se pétrissent aisément avec de l'eau et forment une pâte onctueuse, ce qui leur a valu le nom de *terre grasse*.

On appelle *plastiques* les argiles onctueuses au toucher et formant avec l'eau une pâte tenace, très liante, qui, sans fondre, acquiert une grande dureté par la chaleur. Elles servent à la fabrication des poteries réfractaires, c'est-à-dire aptes à résister à une violente température.

Les argiles *figulines* sont facilement fusibles à cause de la chaux qui les accompagne; elles servent à la fabrication des poteries communes à pâte rougeâtre.

Les argiles *smectiques*, bien qu'onctueuses, ne forment avec l'eau qu'une pâte peu ductile. Elles sont employées dans les arts pour le dégraissage et le foulage des draps; aussi les connaît-on vulgairement sous le nom de *terre à foulons*.

15. Kaolin. — La *terre à porcelaine* ou *kaolin* est une argile très pure et très blanche, provenant de la décomposition des roches feldspathiques, et principalement de la pegmatite, ainsi que nous l'avons expliqué. On en connaît de vastes amas en Chine, en Saxe, en Russie, en Angleterre. La France en possède à Saint-Yrieix, dans la Haute-Vienne. Ce gisement fournit la terre à porcelaine à la manufacture de Sèvres; il alimente en outre diverses fabriques dans le pays même.

7. Roches siliceuses.

16. Silex. — Le silex, dont on attribue l'origine aux sources thermales, appartient aux roches sédimentaires. C'est du quartz amorphe, opaque, mais translucide sur le bord des cassures.

A cette roche se rapporte l'*agate*, tantôt d'une seule

couleur, tantôt de plusieurs couleurs disposées par bandes nuageuses, par rubans concentriques, par filets ondulés. La richesse et la variété de ces teintes, dues à des traces

Fig. 35. — Hache en silex.

Fig. 36. — Couteau en silex.

d'oxydes métalliques, font employer l'agate comme pierre d'ornementation. A cause de sa grande dureté, on l'utilise aussi pour faire de petits mortiers où le pharmacien broie ses médicaments et le chimiste ses réactifs.

Le *silex pyromaque* ou *pierre à fusil* est une pierre de couleur terne, habituellement blonde, brune, jaunâtre ou rougeâtre. On le rencontre en masses plus ou moins arrondies, en rognons, comme on dit, disséminés çà et là dans les couches de craie ou de calcaire. Il se casse avec facilité en éclats dont les bords sont tranchants. Ne connaissant ni le fer ni les autres métaux, les hommes des anciens âges obtenaient leurs armes et leurs outils avec des éclats de silex. De cette pierre, adroitement cassée, ils retiraient de grossières pointes de flèche, des dards aigus pour lance, des racloirs pour préparer les peaux, leur vêtement, des coins tranchants qui leur servaient de hache.

Le briquet, tombé en désuétude depuis l'invention de l'allumette chimique, consiste en un éclat de silex dont on bat le tranchant avec un morceau d'acier. Des parcelles de métal se détachent, s'échauffent par le frottement, brûlent en traversant l'air et mettent feu à l'amadou. L'expression de *silex pyromaque* rappelle la pierre qui servait à obtenir le feu. Le silex se désigne encore par le terme de *pierre à fusil*, parce que le chien des anciennes armes à feu était aussi d'un éclat de silex qui, frappant contre l'acier de la platine, donnait les étincelles enflammant l'amorce de poudre contenue dans le bassinet.

La *pierre meulière* est une variété de silex de couleur blanche ou rougeâtre, plus ou moins criblé de trous à la façon d'une éponge, et que sa grande dureté fait employer à la fabrication des meules pour moudre le grain. Il s'en fait un commerce considérable. Les plus renommées viennent de La Ferté-sous-Jouarre, dans le département de Seine-et-Marne. Les meulières de structure plus lâche servent pour les constructions qui demandent une grande solidité, comme les fondations des bâtiments, les égouts. C'est en meulières que sont bâties les fortifications de Paris.

Le *tripoli*, poussière très dure employée pour polir, est une agglomération de carapaces siliceuses, dépouilles d'infusoires.

17. Sable. — Les sables sont des grains quartzeux, mobiles, incohérents; ils proviennent de la trituration des roches par l'action des eaux. Il y en a de tout degré de finesse et de toute couleur. Les plus fréquents sont jaunâtres, souillés qu'ils sont par de l'oxyde de fer. Purs de matière étrangère et formés uniquement de grains de quartz, les sables sont blancs. Ils servent alors à la fabrication du verre.

Ce n'est pas seulement sur le rivage des mers et dans le lit des cours d'eau que se trouvent les cailloux roulés et les sables; on en trouve aussi, et en abondance, à l'intérieur des terres, bien loin des mers et des fleuves actuels. Ils ont été formés, dans les anciens âges de la Terre, par des mers et des fleuves qui n'existent plus aujourd'hui.

18. Grès. — Si les grains quartzeux, au lieu d'être sans cohérence, sont agglutinés entre eux par un ciment tantôt silicieux, tantôt ferrugineux ou calcaire, la roche prend le nom de *grès*. Cette roche, âpre et rugueuse au toucher lorsque les grains dont elle se compose sont grossiers, ou bien à structure fine lorsque le quartz est très divisé, varie beaucoup d'aspect, de coloration et de consistance. Certains grès sont d'une dureté extrême, comparable à celle du silex lui-même; d'autres se réduisent aisément en poussière, parfois même sous la simple pression des doigts. Les grès durs servent à faire des pavés pour les rues; s'ils sont en même temps à structure fine, ils fournissent les meules du rémouleur.

8. Roches terreuses.

19. Calcaire. — Le calcaire, combinaison de chaux et d'acide carbonique, forme la majeure partie des terrains sédimentaires. C'est une roche amorphe, de coloration variable, généralement blanchâtre; parfois elle est cristalline et plus ou moins diaphane. Son caractère distinctif est de faire effervescence avec les acides énergiques, par suite du dégagement de son gaz carbonique.

La *pierre à bâtir* est un calcaire à structure grossière,

parfois pétri d'innombrables débris de coquillages. Extraite de la carrière en blocs réguliers que le maçon doit façonner, cette roche constitue la *pierre de taille;* extraite en morceaux informes, anguleux, elle fournit les *moellons.*

La *pierre à chaux* est encore un calcaire. Soumise à l'action de la chaleur dans des fours spéciaux, elle laisse dégager son gaz carbonique, et laisse pour résidu la chaux, base du mortier. La *chaux hydraulique,* qui possède la précieuse propriété de durcir sous l'eau, est fournie par un calcaire contenant une certaine proportion d'argile. Le *ciment* est une variété de chaux hydraulique qui, au contact de l'eau, acquiert une grande dureté dans l'intervalle de quelques heures. Il provient d'un calcaire contenant près de la moitié de son poids d'argile.

Dans la série des calcaires prennent rang la *pierre lithographique,* à contexture fine, compacte, susceptible du poli qu'exige le crayon du lithographe; les *tufs,* dépôts pierreux abandonnés par les eaux de certaines sources; l'*albâtre,* translucide, à texture cristalline, employé pour l'ornementation.

Bien que sa nature soit la même que celle de la pierre à bâtir, la craie possède un aspect fort différent. C'est une matière blanche, tendre, qui se réduit aisément en poussière farineuse. On en trouve des couches, notamment à Meudon, dans le voisinage de Paris; aussi lui donne-t-on le nom de *blanc de Meudon.* Réduite en pâte, puis façonnée en courtes baguettes, cette matière devient la classique craie à écrire.

Le *marbre* est un calcaire cristallin, à grains fins, apte à prendre le poli, et qui, tantôt par sa blancheur, tantôt par ses couleurs vives, est propre à la décoration des édifices et à l'ornementation. On en connaît une foule de variétés. Tels sont le marbre blanc pour la statuaire, dont le plus estimé nous vient de Carrare, sur la côte de Gênes, en Italie; le marbre noir de Dinan et de Namur, en Belgique; le marbre rouge de Narbonne, en Languedoc; le marbre jaune de Sienne, en Italie. Ces variétés là sont unicolores. Mais d'autres, sur un fond tantôt gris, tantôt rouge, brun ou bleuâtre, sont ornés de veines de diverses couleurs. D'autres enfin semblent formés de fragments de toute coloration assemblés au hasard; on les nomme *marbres brèches*.

Presque toutes les eaux des sols calcaires renferment du carbonate de chaux dissous à la faveur d'un excès d'acide carbonique. Par l'exposition à l'air, elles perdent ce gaz et

Fig. 37. — Grotte d'Antiparos.

laissent déposer leur carbonate; ce sont alors des *eaux incrustantes*. Dans certaines grottes, l'eau riche en calcaire arrive goutte à goutte et suinte à travers la voûte. Le gaz carbonique se dissipe, et les gouttes d'eau se succédant avec lenteur en des points déterminés, produisent peu à peu un dépôt de calcaire cristallin sous forme de mamelon conique dont la pointe est en bas. Là où les gouttes atteignent le sol de la grotte, un autre dépôt conique se forme, la pointe en haut. Le premier prend le nom de *stalactite*, et le second celui de *stalagmite*. Tôt ou tard les deux dépôts, dont les pointes se rapprochent toujours, se rejoignent, se soudent et constituent une colonne irrégulière.

20. **Marnes.** — Les *marnes* sont des mélanges à proportions variables de calcaire, d'argile et de sable. Elles sont ordinairement feuilletées, et possèdent, à un degré plus ou moins marqué, la faculté de s'émietter, de se réduire en poudre, par l'exposition aux pluies et aux gelées. Leur couleur est très variable; le plus souvent elles sont grises ou bleuâtres, suivant que l'un ou l'autre de leurs trois éléments domine; on les distingue en marnes calcaires, en marnes argileuses et en marnes sablonneuses.

Les marnes calcaires se reconnaissent en ce qu'elles font une vive effervescence avec les acides; elles sont peu liantes et s'émiettent rapidement. Les marnes argileuses sont liantes comme la terre glaise, et ne font qu'une faible effervescence avec les acides. Quant aux marnes sablonneuses, on les reconnaît à leur aridité et aux menus grains de sable dont elles se composent en partie. Les marnes remplissent un grand rôle dans la constitution des assises terrestres; on en trouve de puissantes couches dans la plupart des terrains sédimentaires. Elles ont d'autre part un emploi important en agriculture.

Un sol, pour être fertile, outre les matières organiques provenant de l'humus et des engrais, doit contenir du calcaire, de l'argile, du sable. Or, il peut se faire que naturellement il ne renferme pas en quantité suffisante ou ne renferme pas du tout l'un ou l'autre de ces principes. Il faut alors corriger la nature du sol en lui donnant ce qui lui manque. C'est ce qu'on appelle *amender* le sol. Aux terrains trop argileux, qui retiennent longtemps les eaux pluviales, convient l'amendement des marnes calcaires; aux terrains trop calcaires, faciles à dessécher, s'applique l'amendement des marnes argileuses. Pour effectuer le *marnage*, on dépose la marne en petits tas dans le champ avant l'hiver. La pluie, l'air et les gelées réduisent ces tas en poudre, que l'on répand au printemps avec la pelle.

21. Gypse. — Le *gypse*, ou *pierre à plâtre*, est une combinaison d'acide sulfurique et de chaux ; il contient en outre de l'eau, qui forme environ la cinquième partie de son poids. Il varie beaucoup d'aspect suivant son état de pureté. C'est tantôt une roche informe, blanchâtre, plus ou moins grenue ; tantôt une masse finement fibreuse à reflets soyeux ; tantôt encore une matière transparente et se divisant en minces feuillets, en lamelles irisées par l'air interposé. Frappés de leur beauté, les ouvriers occupés dans les carrières à l'extraction du gypse ont donné à ces lames brillantes le nom de *pierre à Jésus*. Pour rappeler leur éclat et leur peu de valeur, ils les appellent encore *miroir des ânes*. L'antiquité faisait usage, en guise de carreaux de vitre, de ces beaux feuillets de gypse transparent. Le gypse cristallisé affecte encore la forme de volumineuses lentilles, habituellement accolées deux par deux. L'ensemble se divise aisément par minces tranches, dont chacune rappelle la forme d'un V ou d'un fer de lame. On donne à cette variété le nom de *gypse en fer de lance.*

Le gypse impur, ou roche amorphe, sert pour le plâtre ordinaire ; le gypse pur, en lames vitreuses, en lentilles, en fer de lance, ou bien en masse d'aspect soyeux, sert pour le plâtre fin, destiné au moulage.

Pour devenir le plâtre usuel, le gypse est médiocrement chauffé. Il perd son eau de constitution et se réduit alors à du sulfate de chaux. Une fois cuit, le plâtre est broyé sous des meules, puis tamisé. La poudre obtenue a une grande tendance à reprendre l'eau dont le four l'a dépouillée, et à redevenir ainsi la roche primitive. C'est sur cette propriété qu'est basé l'emploi du plâtre. Gâchée dans un baquet, la matière poudreuse se combine rapidement avec l'eau qu'on lui restitue, et le tout durcit en un bloc ayant la consistance du gypse qui n'a pas encore passé par le four.

Le gypse constitue des amas importants dans les terrains sédimentaires ; il est fort commun dans les départements de la Seine, des Bouches-du-Rhône, de Vaucluse.

9. Roches métalliques.

22. Galène. — Le minerai de plomb le plus important et le plus répandu est la *galène* ou sulfure de plomb. C'est une matière d'aspect métallique, d'un gris brillant, cristallisant en cubes, facile à réduire en poudre. Presque toutes les galènes sont argentifères. Dans les terrains éruptifs et dans les terrains de sédiment anciens, ce minerai forme des filons, des amas, des couches. L'Angleterre, l'Allemagne, l'Espagne, l'Italie, l'Algérie en possèdent des gisements considérables. La France en possède peu. Nos exploitations les plus importantes se trouvent en Bretagne.

Sous le nom d'*alquifoux*, les potiers emploient la galène en poudre fine pour vernir les poteries communes. L'alquifoux est mis en suspension dans de l'eau. Les poteries, qui n'ont encore éprouvé qu'une dessiccation à l'air, sont enduites de ce liquide par une courte immersion. Elles sortent du bain avec une mince couche de sulfure de plomb. En cet état, elles sont soumises à la cuisson. La chaleur et l'air transforment la galène en oxyde de plomb ; celui-ci se combine avec la silice de l'argile et produit un verre d'un jaune de miel, ou silicate de plomb, qui forme le vernis.

23. Pyrite. — Le bisulfure de fer, en minéralogie *pyrite*, est un produit abondamment répandu. Ce composé cristallise tantôt en cubes, en dodécaèdres, tantôt en prismes à base rhombe. La pyrite cubique est d'un beau jaune d'or et d'un superbe éclat métallique, cause de fréquentes illusions chez les personnes non familiarisées avec ces trompeuses apparences. Le nom vulgaire d'*or des ânes* fait allusion à ce riche aspect d'une matière sans valeur. La pyrite cubique est très dure, au point de faire feu sous le briquet, et de là vient au minerai le nom qu'il porte, nom signifiant la pierre à *feu*. Elle n'éprouve aucune altération à l'air.

La pyrite prismatique, douée comme l'autre d'un bel

éclat métallique, est d'un jaune verdâtre. Elle est très altérable au contact de l'air humide. Elle se combine avec l'oxygène, se gonfle, tombe peu à peu en poussière, et se convertit finalement en sulfate de fer. C'est à sa présence dans les schistes houillers, et à son oxydation spontanée, que l'on attribue les incendies éclatant parfois dans certaines houillères.

Grillées au contact de l'air, les pyrites dégagent du gaz sulfureux. C'est ainsi que s'obtient généralement aujourd'hui le gaz sulfureux nécessaire à la fabrication de l'acide sulfurique. Enfin les pyrites prismatiques, exposées à l'action prolongée de l'air humide, donnent une grande partie de la couperose verte, ou sulfate de fer, du commerce.

24. oligiste. — La minéralogie appelle de ce nom le sesquioxyde de fer anhydre. On le trouve en superbes cristaux irisés, notamment à l'île d'Elbe, où il forme des gisements d'une grande importance ; on l'observe en menus cristaux écailleux dans les roches volcaniques, et il porte alors le nom de *fer sublimé des volcans*. A l'état amorphe, il constitue des masses compactes rougeâtres nommées *hématite*, et des matières terreuses, appelées *ocre rouge*. Il donne sa couleur aux argiles, à la sanguine.

25. Limonite. — Combiné avec de l'eau, le sesquioxyde de fer s'appelle *limonite*. Ce minerai n'a jamais l'éclat métallique. On le trouve en masses compactes jaunes, en feuillets schisteux, en globules arrondis plus ou moins gros, qui lui valent le nom de *fer oolithique* ou de *fer en grains;* on le trouve encore en stalactites, en rognons, et enfin en amas terreux d'*ocre jaune*. La limonite donne sa couleur aux argiles jaunes. Par la calcination, elle perd son eau d'hydratation et devient rouge. Aussi les ocres, les terres, les argiles jaunes qui doivent leur coloration à ce composé, deviennent-elles rouges par l'action du feu.

10. Roches combustibles.

26. Anthracite. — Les roches combustibles ou charbons minéraux proviennent de la décomposition de matières végétales, ensevelies à des profondeurs plus ou moins considérables par les révolutions du globe. La première en date, la plus ancienne, est l'*anthracite*, matière compacte et d'un noir brillant. Ses gisements, en France, occupent les bords de la Loire, entre Nantes et Angers; d'autres sont disséminés dans les départements de l'Ille-et-Vilaine, de la Mayenne, de la Sarthe.

Ce combustible produit une chaleur très intense, mais il est habituellement fort difficile à allumer, et ne brûle qu'entassé en grande masse dans les fourneaux activés par un violent tirage. En petite quantité, il ne peut prendre feu; et tout morceau retiré du brasier s'éteint aussitôt. Néanmoins, l'anthracite est avantageuse dans les opérations qui demandent une température très élevée, par exemple dans les opérations de fonderie.

27. Houille. — La *houille*, vulgairement *charbon de terre*, est en général une masse informe qui ne laisse pas soupçonner son origine végétale; mais il n'est pas rare d'y trouver des tiges plus ou moins entières et parfaitement reconnaissables, malgré leur conversion en charbon. Certains lits de houille sont formés d'un entassement de feuilles carbonisées, serrées l'une contre l'autre en blocs compacts et conservant encore tous les détails de leur structure.

Des études faites sur ce curieux sujet, il résulte qu'en aucune partie du monde actuel ne se trouvent des végétaux exactement pareils à ceux qui peuplèrent autrefois la terre ferme, et sont maintenant ensevelis dans les assises houillères. Les plus remarquables représentants de cette antique végétation sont d'énormes fougères, dont la tige élancée se termine par un bouquet de très grandes feuilles découpées avec une rare élégance. On les nomme *fougères arborescentes*, à cause de leur taille, comparable à celle de quelques-uns de nos arbres. Les fougères actuelles de nos pays sont d'humbles plantes, qui, pour la plupart, trouvent à végéter dans les fissures humides des rochers et des vieux murs. Nulle part, en Europe, les fougères arborescentes n'existent plus ; les régions équatoriales, principalement les îles des mers les plus chaudes, en ont seules quelques espèces, qui ne sont pourtant pas celles de la houille.

La houille varie de qualité d'une mine à l'autre. On en distingue plusieurs classes, dont les principales sont la

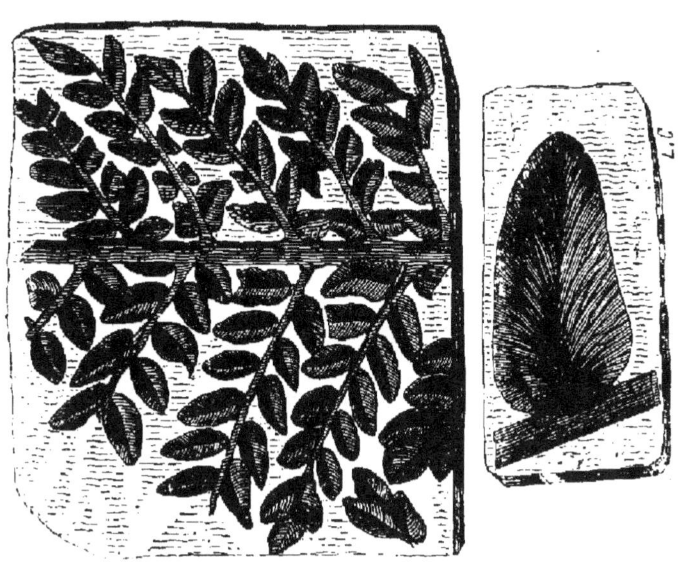

Fig. 38. — Spécimen de Fougère fossile de la houille.

houille grasse ou *maréchale* et la *houille maigre*. La première est d'un beau noir brillant. Elle s'enflamme avec facilité, se gonfle, se ramollit, devient pâteuse et finit par s'agglutiner en une masse qu'il faut briser pour donner passage à l'air et permettre le tirage. Ces particularités sont très utiles dans le travail de la forge, car, en brûlant, la houille forme devant la tuyère du soufflet une arche boursouflée, une voûte ardente où la chaleur se concentre sur le fer chauffé. Cette voûte ne s'écroule pas quand on retire la pièce pour la forger, ou quand on la remet au feu; sans avoir à remuer le combustible, le maréchal y trouve toujours un point favorable pour la chauffe de son fer. Ces qualités lui ont valu le nom de houille maréchale.

La houille maigre est d'un noir mat. Elle donne moins de chaleur que la précédente et brûle sans que les divers fragments s'agglutinent entre eux. Elle convient peu pour le travail des métaux, mais elle est suffisante pour les usages qui ne demandent pas une température très élevée, comme le chauffage des chaudières à vapeur, la cuisson des briques et de la chaux, l'alimentation de nos grilles et de nos poêles.

28. **Lignite.** — Moins vieux que la houille, le *lignite* provient de végétaux qui ne sont pas précisément nos arbres actuels, mais ont avec eux une certaine ressemblance. On y trouve des empreintes de feuilles qui, pour la forme, rappellent à peu près celles de nos saules, de nos platanes, de nos chênes; mais on n'y voit jamais les grandes fougères des temps houillers.

Comme combustible, le lignite est loin de valoir la houille, dont il a l'aspect. En brûlant, il tombe en poussière et répand une mauvaise odeur. On l'emploie surtout pour la cuisson de la chaux et des poteries communes. Les principales mines de lignite se trouvent dans les départements de l'Aisne, de l'Isère, de l'Ardèche, de Vaucluse, des Bouches-du-Rhône et des Basses-Alpes.

On nomme *jayet*, *jais*, *succin noir*, une variété de lignite dure, à structure fine, d'un beau noir, susceptible d'être taillée et polie. On en fabriquait naguère une bijouterie commune pour deuil, croix, pendants d'oreille, broches, boutons, colliers, bracelets. La fragilité de cette matière l'a fait abandonner, remplacée qu'elle est aujourd'hui dans l'ornementation soit par du verre noir, soit par de l'acier poli. Une autre variété de lignite, sous forme de matière terreuse, d'un brun rougeâtre, fournit à la peinture une couleur très belle et très solide nommée *terre de Cologne*.

29. **Tourbe.** — La *tourbe* s'est formée dans les anciens

marais et continue à se former dans les marais de notre époque par l'accumulation de diverses plantes, en particulier de grandes mousses, nommées *sphaignes*, qui vivent à demi plongées dans l'eau. D'ailleurs, des végétaux de toute nature, de grands arbres même, venus sur place ou charriés par les eaux, concourent à sa formation. On peut aisément reconnaître dans les tourbières, des roseaux, des bouleaux, des frênes, des hêtres, des sapins, des mélèzes. Souvent les plantes et les arbres sont à peine décomposés ; mais dans la plupart des cas, ils sont convertis en une pourriture informe, et la tourbe n'est plus qu'une masse brune et compacte.

Des amas de cette matière couvrent des étendues considérables dans toutes les parties basses des continents, surtout dans les régions du nord. Tantôt ils sont encore sous l'eau, tantôt ils sont à sec et cachés sous des limons envahis par la verdure. C'est ainsi que la plupart des belles prairies de la Normandie sont sur la tourbe. Les plus grandes tourbières de France occupent la vallée de la Somme, entre Amiens et Abbeville. Il s'en trouve aussi de considérables dans les environs de Beauvais.

La tourbe est un combustible précieux, que l'on exploite avec activité. Comme elle donne en brûlant beaucoup de fumée et une odeur très désagréable, on la transforme en charbon, dans de grands fours de maçonnerie, pour la rendre plus apte aux usages domestiques et industriels.

30. **Bitume.** — C'est une matière tantôt solide, tantôt visqueuse, noire ou brune, inflammable et brûlant avec beaucoup de fumée. Son aspect et sa cassure brillante rappellent la poix, aussi lui donne-t-on le nom de *poix minérale*. Des carbures d'hydrogène de différentes espèces, des composés de carbone, d'oxygène et d'hydrogène, du sable et du calcaire accidentellement mélangés, sont les matériaux dominants du bitume. Sa composition a donc une grande analogie avec les roches charbonneuses dont nous venons de parler, tourbe, lignite, houille ; et son origine est alors la même, c'est-à-dire qu'elle se rattache à

la transformation de matières végétales enfouies dans les terrains sédimentaires.

Le bitume est assez abondamment répandu. Les flots du lac Asphaltite ou Mer morte en rejettent sur le rivage ; et c'est de là que provient la majeure partie du bitume commercial. L'une des Antilles, l'île de la Trinité, possède un bassin de cinq kilomètres de tour, rempli de bitume jusqu'à une profondeur non encore sondée. On en trouve de noir et très fusible à Gabian, dans l'Hérault ; à Seyssel, dans l'Ain ; à Orthez, dans les Landes. Les tufs basaltiques de l'Auvergne en sont çà et là imprégnés ; le voisinage de Clermont-Ferrand a son *Puits-de-la-Poix*.

Dès la plus haute antiquité, le bitume a été employé pour obtenir un ciment d'une grande résistance ; les constructions assyriennes, les enceintes de Ninive et de Babylone, sont des édifices de briques reliées par du bitume. Mélangée avec du calcaire en poudre, avec du sable, du gravier, cette matière constitue l'*asphalte*, utilisé pour le dallage des trottoirs et des terrasses. Au bitume se rattache le *naphte* ou *pétrole*, qui est liquide et d'aspect huileux.

FIN

TABLE DES MATIÈRES

FIN DE LA TABLE DES MATIÈRES

MOTTEROZ, Adm.-Direct. des Imprimeries réunies, B, Puteaux.

www.ingramcontent.com/pod-product-compliance
Lightning Source LLC
LaVergne TN
LVHW021843170726
843503LV00003B/1050